KB142544

POST SCIENCE / 02

AI

A WORLD OF ARTIFICIAL INTELLIGENCE

고자키 요지 지음

전종훈 옮김

신유선 · 노희진 감수

POST SCIENCE/02

인공지능의 세계

2019년 6월 5일 1판 1쇄 인쇄
2019년 6월 10일 1판 1쇄 발행

지은이 고자키 요지
옮긴이 전종훈
감수 신유선, 노희진
펴낸이 조승식
펴낸곳 (주)도서출판 북스힐
등록 제22-457호(1998년 7월 28일)
주소 01043 서울 강북구 한천로153길 17
홈페이지 www.bookshill.com
전자우편 bookshill@bookshill.com
전화 02-994-0071
팩스 02-994-0073
값 13,000원
ISBN 979-11-5971-211-1

* 잘못된 책은 구입하신 서점에서 바꿔 드립니다.

머리말

인공지능(AI)이 주목받고 있다. 영화와 만화에 등장하는 인공지능은 지식이 풍부하고 올바른 판단을 내리는 전지전능한 존재로 그려지지만, 요즘 주목받는 인공지능은 그런 존재와는 다르다. 그렇다고 '별거 없네' 혹은 '나의 업무 및 사생활과는 관계없어'라고 생각하는 것은 섣부른 판단이다.

그렇다면 '인공지능'은 도대체 어떤 점에서 대단한 것일까? 그것은 지금까지 컴퓨터로 하지 못했던 것을 갖추고 있다는 점이다.

먼저 '시각'이다. 카메라와 감지기 성능 향상으로 인해 디지털 사진이 풍부하게 확보되어 컴퓨터가 사진을 인식할 수 있는 기반이 만들어졌다. 하지만 그렇다 하더라도 보고 구분하는 능력이 없으면 아무 의미가 없다. 그런데 '뉴럴 네트워크' 기술이 실용화되면서 사진을 해석하여 물체를 구분하는 능력이 향상되었다. 이런 능력을 발휘하려면 '학습'(머신 러닝)이 필요하고, 방대한 양의 빅데이터가 바로 그 학습 교재이다. 사람이 하려면 몇 년이나 걸릴 '보는 경험'을, 컴퓨터는 빅데이터를 통해 단숨에 경험하고, 분석해서 학습한다. 이때 사용하는 원리가 '딥러닝(deep learning)'이며, 컴퓨터는 딥러닝으로 학습하면 물체를 구분하여 판별할 수 있는 패턴을 찾아낼 수 있다.

시각 능력을 획득한 컴퓨터는 개와 고양이를 구분하고, 인간의 성별과 나이를 추측할 수 있을 정도로 발전했다. 또한 자동차에 탑재한 컴퓨터는 도로 표지판을 식별하고, 보행자와 주변 자동차를 인식한다. 이런 모습을 보면 마치 아이가 짧은 기간에 어른 수준까지 학습해서 단숨에 성장하는 과정과 비슷하다. 학습하지 않은 내용은 이해하지 못하지만, 학습을 통해 패턴을 발견하면 높은 확률로 예측하거나 올바른 판단을 산출할 수 있다. 지금까지 컴퓨터가 하지 못했던 일이나 불가능할 것으로 여겨지던 일이 가능하게 된 것이다. 학습하여 식별하는 능력은 시각뿐만 아니라, 컴퓨터의 '청각'도 향상시키려 하고 있다. 성능 좋은 감지기의 도움으로 다양한 '감각'을 획득하는 날도 그리 멀지 않았다. '감각', '감정'을 가졌는지 여부가 컴퓨터와 사람 사이의 차이에서 큰 비중을 차지했지만, 이 차이는 지금 급속하게 좁혀지고 있다.

컴퓨터를 비롯한 각종 전자기기는 우리 생활의 많은 부분에서 활약하고 있고, 특히 인터넷은 중요한 생활 인프라 중 하나이다. 시각을 비롯한 각종 감각을 획득하여 예측과 판단 능력이 향상된 컴퓨터가 갖고 있는 가능성도 크게 달라질 것이다. 컴퓨터를 개발하거나 사용하는 것이 업무인 사람들에게 있어서 앞으로 수년간 컴퓨터의 가능성은 크게 변할 것이다. 우리 일상에서도 인간이 맡아온 일 중에서 많은 부분을 컴퓨터와 로봇이 담당하게 될 가능성이 있다.

'인공지능'이라는 표현이 적절한지는 제쳐두더라도, 컴퓨터의 변혁은 틀림없이 일어나고 있다.

이 책에서는 요즘 화제가 되는 '인공지능'이란 무엇인지, 컴퓨터가 인간에 가까워지고 있다고 이야기하는 이유와 그 원리인 '뉴럴 네트워크', '딥러닝' 등과 같은 용어를 설명하고, 유명한 IBM의 왓슨(Watson)과 AI 컴퓨팅이란 무엇인지, 이들이 실용화된 사례를 소개한다.

독자 여러분이 이 책을 통해 컴퓨터의 변혁과 AI 컴퓨팅의 핵심을 조금이라도 이해할 수 있다면 이 책은 제 역할을 다한 것이다. 근처에 두고 오랫동안 참조해 준다면, 저자로서 더없이 기쁠 것 같다.

이 책을 발간하는 데 도움을 주신 편집부의 여러분, 기업, 연구기관 분들에게 깊은 감사의 말씀을 드린다.

2017년 3월 저자 고자키 요지

차례

3 인공지능의 원리

4 인지 시스템과 AI 챗봇

5 최신 AI 컴퓨팅 기술

6 인공지능 실용화

1
인공지능에 관한 기초지식

평소 우리는 '인공지능'이나 'AI'라는 단어를 빈번하게 볼 수 있다.
그렇다면 인공지능이란 정확히 무엇일까?
인간 뇌의 구조를 모방한 뉴럴 네트워크 기술이
큰 성과를 거두기 시작했고,
즉 뉴럴 네트워크를 사용한 기술과
기능을 가리켜서 '인공지능(AI)'이라고 부른다.

1 인공지능에 관한 기초지식

새로운 컴퓨팅 시대

컴퓨터 전문지뿐만 아니라, 보통 뉴스에서도 '인공지능'이나 'AI'라는 단어를 빈번하게 볼 수 있다.

왜 이렇게 화제가 된 것일까? 그 이유는 인터넷의 등장 이래, 커다란 변혁이 일어나려 하고 있기 때문이다.

최근 20년간 컴퓨터와 관련한 환경은 크게 변화하고 있다. 1995년에 마이크로소프트에서 윈도95를 발표한 이후 컴퓨터는 폭발적으로 보급되었다. 기업에서는 1인당 1대씩 컴퓨터를 사용하게 되었고, 모든 작업이 컴퓨터로 이루어지게 되었다. 이 당시만 해도 10억 대나 되는 컴퓨터가 사용되었다.

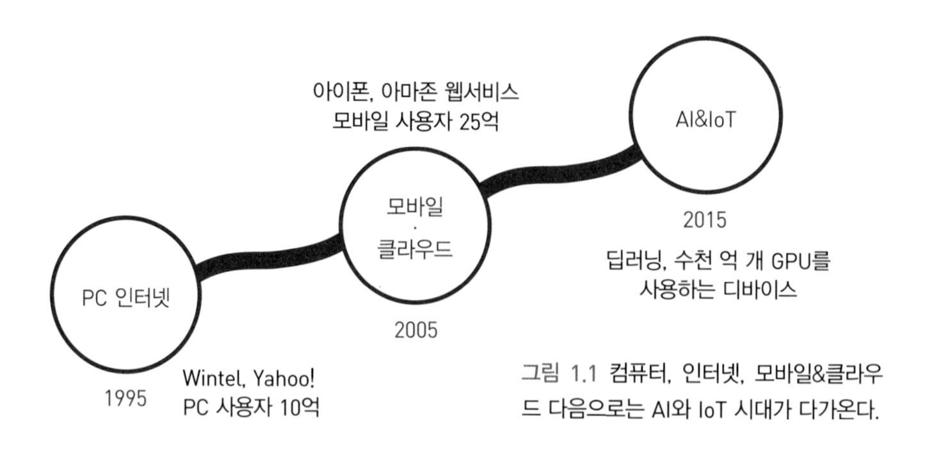

그림 1.1 컴퓨터, 인터넷, 모바일&클라우드 다음으로는 AI와 IoT 시대가 다가온다.

이 컴퓨터에 인터넷이 연결되면서 컴퓨터의 가능성은 더욱 커졌다.

이로부터 10년 후, 2005년에는 컴퓨터를 대신하여 스마트폰이 크게 유행하기 시작했다. 그리고 인터넷을 통해 대규모 서버를 스마트폰이나 컴퓨터로 사용하는 '클라우드(cloud)' 서비스가 등장했다. 이 서비스를 사용하는 모바일 사용자는 25억 명에 이르렀다.

그리고 다시 10년 후, NVIDIA사의 CEO 젠슨 황(Jen-Hsun Huang)은 '2015년에 시대는 크게 방향을 바꿨다'라고 말했다. 앞으로는 AI(인공지능)와 IoT(사물인터넷. Internet of Things)의 시대이며, 수천억 개나 되는 AI와 연결된 IoT 기기가 세상에 보급될 것이라고 한다.

인공지능이란 무엇인가?

취향에 맞는 술을 인공지능이 가르쳐준다

도쿄의 한 백화점에서 술과 치즈 이벤트를 개최했다. 이 이벤트에서는 시음을 통해 1,000병에 달하는 와인 중에서 방문객에게 꼭 맞는 와인을 제안해주었다. 그리고 이 제안을 해준 것은 'AI 소믈리에', 즉 인공지능이었다.

시음이라고 해도 1,000종류나 되는 와인을 전부 마셔볼 수는 없으므로, 이때 AI가 활약하였다. 방문객은 와인을 시음하고 감상, 신맛, 쓴맛, 감칠맛, 단맛 등을 5단계로 평가하여 스마트폰에 입력한다. 이렇게 입력한 정보는 인터넷을 통해 클라우드로 보내져서 시음한 방문객의 미각이 어떤 취향인지를 AI가 해석한다. 맛을 달게 느끼는 경향이 있다거나, 쓴맛에 민감하게 반응하지 않는다거나 하는 분석결과를 바탕으로 '다음에는 이 와인을 마셔보세요'라고 추천하고, 그 추천받은 와인을 시음한 결과 또한 분석 데이터로 사용한다. 이렇게 해서 방문객은 몇 종류의 와인을 시음하기만 해도 각자의 취향에 맞는 와인을 추천받을 수 있다.

그림 1.2 여러 종류의 술을 시음하고 그에 따른 감상을 태블릿에 입력하면, 본인 취향에 꼭 맞는 술을 AI가 추천해주는 'AI 소믈리에'(와인 버전)와 'AI 일본 술 소믈리에'(일본 술 버전: 사진)가 백화점 행사장에서 이벤트로 시행하였다. 게이오 대학의 AI 벤처기업 'SENSY 주식회사'(원서에는 예전 사명인 COLORFUL BOARD로 기재되어 있음 – 옮긴이)에서 개발했다.

트위터 등과 같은 SNS에 나타난 방문객의 반응도 상당히 좋았다. '생각지도 못했던 와인을 만났다', 'AI가 추천해준 와인은 딱 내 스타일이었다'와 같은 의견도 있었다.

이처럼 '인공지능'은 사회에 진출하였고, 매일 IT 업계의 소식지뿐만 아니라, 경제 전문지, 일반 잡지, 웹 뉴스에서도 'AI'라는 키워드는 자주 거론되고 있다.

'인공지능이 인류를 멸망시킨다'라며 일부 사람들은 인공지능의 위협을 주장하기도 한다. 인류를 멸망시킬 정도로 높은 수준의 인공지능이 등장했을까? 그렇지 않다. 아직 어디에도 존재하지 않는다.

인공지능이 우리 주변을 급속도로 파고들었다고는 하지만, 과연 인공지능이란 무엇일까? 인공지능이라고 하면 무엇을 가리키는 것일까?

인공지능이란?

인공지능을 영어로 'AI'라고 한다. Artificial Intelligence(인공적인 지능)를 줄인 말이다. 이 단어는 1956년에 처음 등장하였다. 학술연구 대상으로 '인공지능'에 관해 논의한 다트머스 회의에서 처음 '인공지능'이라는 단어가 제안되었다.

그 후, 인공지능을 실현하기 위한 학술연구가 진행되는 동안, SF(Science Fiction, 공상과학소설)나 드라마와 같은 픽션 분야에서는 높은 수준의 지능을 가진 AI가 차례로 등장하였다. 이야기에 등장하는 대부분의 AI는 언어의 벽을 넘어 세계 모든 뉴스를 축적하고, 거대한 데이터베이스를 순식간에 검색한 결과를 바탕으로 인간 이상의 판단력으로 미래를 예측하여 결단을 내리는 컴퓨터로 그려지고 있다. 이를 통해 사람들이 인공지능에 대해 가지게 된 이미지가 '전지전능', 인간과 마찬가지로 지능을 가지고 인간 이상의 지식을 가진 컴퓨터가 된 것이 아닐까 한다.

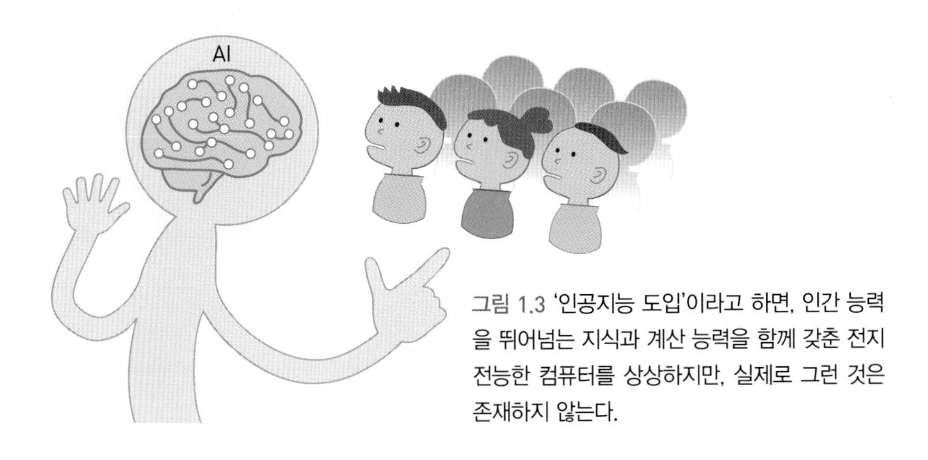

그림 1.3 '인공지능 도입'이라고 하면, 인간 능력을 뛰어넘는 지식과 계산 능력을 함께 갖춘 전지전능한 컴퓨터를 상상하지만, 실제로 그런 것은 존재하지 않는다.

범용 인공지능 'AGI'

이렇게 '인간과 같은 수준의 지능을 가진 컴퓨터'는 학술 분야에서는 '범용 인공지능'(AGI: Artificial General Intelligence)이라는 이름으로 불리고 있으며, 연구자나 개발자에게 AGI는 숙원이다.

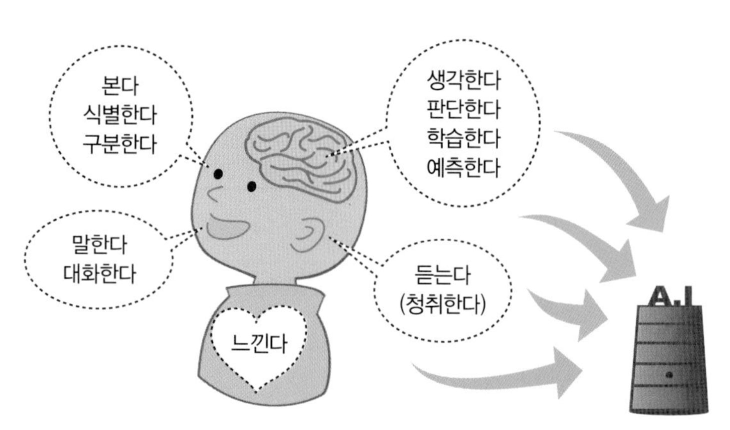

그림 1.4 인간에게는 다양한 능력이 있지만, 본다/듣는다/말한다/생각한다라는 능력을 컴퓨터도 똑같이 가질 수 없겠느냐는 연구가 진행되고 있다.

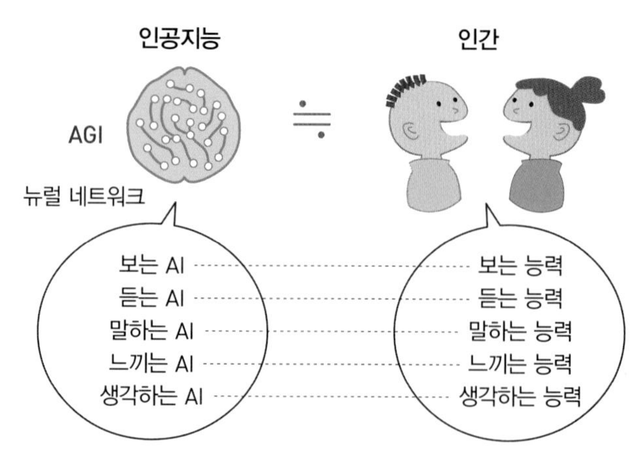

그림 1.5 인간이 가진 각 능력을 따라잡아 추월하면 언젠가 범용 인공지능(AGI)이 등장할 것으로 여겨진다. 뉴럴 네트워크가 발전함에 따라 각 분야에서 인간 능력에 근접해지고 있다.

많은 사람들이 '인공지능'이라는 단어에서 연상하는 것이 바로 AGI라고 할 수 있다.

하지만 현실은 녹록지 않다. 60년 전부터 AGI에 관한 연구를 계속하고 있지만, 아직 AGI는 존재하지 않는다. '이제 곧 완성될 것이다'라는 단계에도 이르지 못했다. 그러므로 '범용 인공지능'이 이미 만들어져서 사회에 도입되기 시작한 것처럼 이야기하는 뉴스는 적절하다고 할 수 없다.

그렇다면 아직 완성하지도 못한 '인공지능을 도입했다'라는 표현을 왜 사용하는 것일까? 이것은 적절한 표현이라고 할 수는 없지만, 틀렸다고도 할 수 없다.

AGI를 실현하기 위해서는 많은 요소 기술이 필요하다. AGI에 필요한 기술을 인간 능력과 비교해서 생각해 보자. 예를 들어 물체나 사람을 인식하는 능력, 주변과의 거리와 상황을 파악하는 능력, 자연스럽게 대화하는 소통 능력, 상대방의 기분을 이해하는 능력, 질문에 대해 올바른 답을 내는 능력, 매사 판단하는 능력 등… 이런 능력이 인간에게 근접해져서 모두 모이면 AGI로 승화할 수 있을지도 모르겠다. 실제로 각 능력을 달성하기 위해서 연구개발 중인 것이 요소 기술이며, 여기에 인간 뇌의 구조를 모방한 '뉴럴 네트워크' 기술을 사용하여 큰 성과를 거두기 시작했다. 즉, 뉴럴 네트워크를 사용한 기술과 기능을 가리켜서 '인공지능'이라 부른다.

강 인공지능과 약 인공지능(AGI와 특화형 AI)

뉴스와 책에서는 뉴럴 네트워크를 인공지능이라 부르지만, 학술연구 분야와 시스템개발 분야 등에서는 이런 애매한 표현을 좋아하지 않는다. '인공지능'은 어디까지나 '범용 인공지능'(AGI)을 의미하며, 적어도 그와 유사한 것이 아니면 '인공지능'이라 불러서는 안 된다.

그래서 앞에서 설명한 뉴럴 네트워크와 같은 인공지능 관련 기술은 '특화

현실적인 특화형 AI

- 개별 영역에서 지적으로 행동한다.
- 이미 사람을 넘어선 능력이 많이 실용화되어 있다.
  예를 들면,
  - 컴퓨터 장기와 체스
  - 구글의 자율주행차
  - 의료진단

목표로 하는 범용 인공지능(AGI)

- 다양하고 다각적인 문제해결 능력을 스스로 획득한다.
  - 설계할 때 상정한 수준을 넘어서 새로운 문제를 해결할 수 있다.
  - 자기이해/자율성
- AI가 탄생할 때부터의 꿈이었지만, 현실적인 어려움으로 인해 큰 성과가 이루어지지는 않았다.

그림 1.6 학술 및 IT 기술 분야에서 인공지능 연구를 진행하고 있는 'Whole Brain Architecture Initiative'에서는 용어를 명확하게 구분할 것을 제안한다.

형 AI'라고 부르게 되었다. 다시 말해 특화된 분야, 예컨대 화상 인식, 음성 인식, 자연언어 대화 등과 같이 특정한 분야에서 높은 수준을 실현하기 위해 개발되거나 사용되는 인공지능 관련 기술을 '특화형 AI'라고 부르도록 하자는 움직임이 일어나고 있다.

용어를 정확하게 구분하여 사용하려는 움직임은 예전부터 있었다. 캘리포니아대학교 버클리캠퍼스의 교수이자 세계적으로 유명한 철학자인 '존 설(John Rogers Searle)'씨는 '강 AI(Strong AI)'와 '약 AI(Weak AI)'라는 명칭으로 구별했다. "강 AI는 컴퓨터와는 차원이 다르며, 정신이 깃들어 있다"라고도 말했다. 그의 말에는 철학적 표현도 가미되어 있으므로, 이 책에서는 깊게 언급하지 않겠다. 약 AI는 앞에서 특화형 AI를 구별한 것처럼, 제한된 분야에서 인간에 가까운 수준으로 작업을 처리할 수 있는 시스템이나 연구 개발 행동을 가리킨다.

뇌는 어떤 원리로 인식과 판단을 하는 걸까?

최근 수년 동안, 특화형 AI 분야에서는 '뉴럴 네트워크'를 도입하여 기존 컴퓨터보다 훨씬 높은 능력을 발휘할 수 있게 되었다.

뉴럴 네트워크란 인간 뇌 신경회로의 원리와 구조를 모방한 수학 모델(학습 모델)을 말한다. 기존 컴퓨터 프로그램에 뉴럴 네트워크 기술이 더해지면서 컴퓨터도 높은 수준으로 인식, 대화, 판단 등을 할 수 있게 되었다. 대표적인 예로 구글이 개발한 컴퓨터인 '알파고'와 세계적인 바둑 기사가 대국하여, 알파고가 보기 좋게 승리한 것을 들 수 있다. 2016년 3월에 있었던 일이니 아직 기억하고 있는 독자도 많을 것이다.

기존 컴퓨터 기술만으로 컴퓨터가 수준 높은 바둑 기사에게 이기려면 10년이 넘게 걸릴 것이라고 여겨졌다. 하지만 뉴럴 네트워크를 도입하여 많은 양의 바둑 전술을 학습한 알파고가 이런 통설을 뒤집었기 때문에 '인공지능이 무섭구나!'라며 인공지능에 대한 주목도가 순식간에 높아졌다.

그림 1.7 바둑 고수(이세돌)와 인공지능의 대결로 화제가 되었던 'AlphaGo(알파고)'의 대국 장면. (출처: YouTube - Deepmind 공식 채널)

'뉴럴 네트워크는 인간 뇌 신경회로의 원리와 구조를 모방한 것'이라고 앞에서 소개했지만, 이 말은 무엇을 의미할까?

인간 뇌의 원리는 학술연구 분야에서 아직 완전하게 해명된 것이 아니라서 모르는 것 투성이지만, 여러 연구를 진행하여 많은 가설을 세웠다. 이 책에서는 알기 쉽게 대략적인 해석을 바탕으로 그 원리만을 설명한다. 상세한 내용은 전문 서적을 참고하길 바란다.

좌뇌와 우뇌

뇌는 크게 좌뇌와 우뇌로 나누어지며, 각각이 맡은 역할이 다르다는 이야기는 들은 적이 있을 것이다.

좌뇌는 '사고 · 논리'의 뇌라고도 불리며, 언어, 대화(발화), 분석, 판단, 계산, 추론 등 주로 사고와 논리 작용을 담당한다.

우뇌는 시각, 청각, 후각, 미각, 촉각과 같은 감각적인 것을 처리하거나 느끼는 '감성 · 지각' 역할을 한다. 직감력, 예술성, 창조력, 도형과 이미지를 읽고 이해하는 능력이 이에 해당한다.

인간의 뇌는 좌우가 각각의 기능을 지니고 서로 정보를 전달하여 앞에서

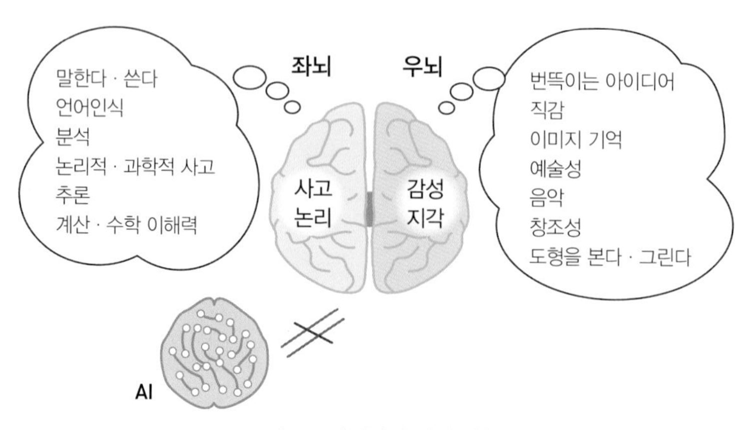

그림 1.8 좌뇌와 우뇌의 작용.

소개한 활동이나 행동을 수행한다. 인공지능 연구에는 2가지 흐름이 있는데 인간의 뇌 그 자체를 컴퓨터로 만들려는 방향과 인간의 능력인 '사고 · 논리'와 '감성 · 지각'과 같은 작용을 컴퓨터로 실현하려는 방향이 있다. 오늘날에는 후자를 현실적으로 받아들인다. 따라서 이 책에서는 후자의 관점에서 이야기를 진행한다. 인간의 뇌는 좌뇌와 우뇌에 각각의 역할이 있지만, AI 기술에서는 좌우 관계없이 각각의 능력을 향상시켜 인간 뇌에 근접한 능력을 갖추게 하려는 것이 후자의 바탕에 깔린 사고방식이다.

좌뇌의 능력 중 하나인 '계산 능력'은 컴퓨터가 인간보다 뛰어나다고도 하지만, 그것은 어디까지나 단순 계산에 국한된 것이며, 응용이나 번뜩이는 아이디어가 필요한 계산에서는 현재의 컴퓨터로는 부족한 부분도 있다. 한편 언어, 대화(발화), 분석, 판단, 추론과 같은 분야에서는 AI 관련 기술을 통해 컴퓨터 능력이 향상되고 있다.

시각, 청각, 촉각과 같은 감각 능력은 센서가 담당하는데, 시각을 통해 얻은 화상 정보를 인식하고 분석하는 것은 AI 관련 기술이 맡는다.

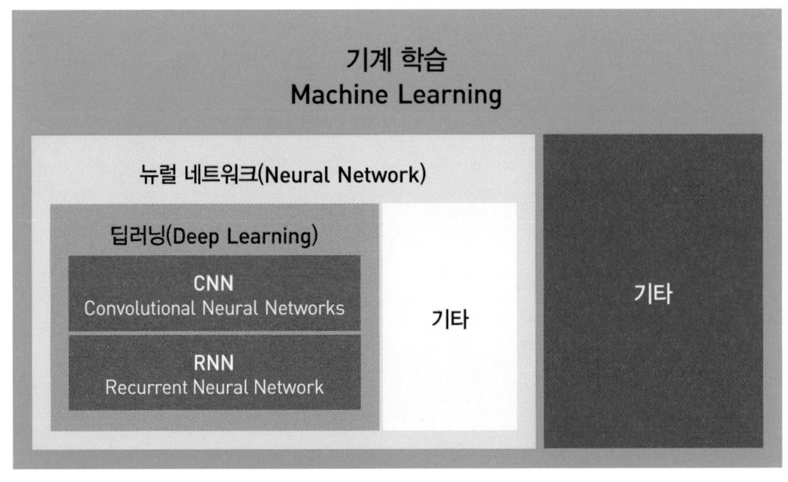

그림 1.9 인간의 능력과 같은 작용을 인공지능으로 실현.

전문 용어는 뒤에서 설명하겠지만, '기계 학습'(머신 러닝)이나 '딥러닝'과 같은 AI 관련 기술이 발전함에 따라 컴퓨터가 수행하는 작용의 정밀도가 높아졌다고 한다.

뉴런과 시냅스

정확한 숫자에 관해서는 여러 설이 존재하지만, 뇌는 300억이 넘는 방대한 '뇌 신경세포'로 이루어져 있다. 그리고 이러한 뇌 신경세포를 '뉴런'(Neuron)이라 부른다. 인간의 수준 높은 계산 능력이나 인식 능력은 뇌 자체에 있는 것이 아니고, 뉴런이 행하는 정보 전달을 통해 생겨나는 것이다.

그렇다면 인간은 뉴런을 통해 어떻게 인식하고 생각할까?

뉴런의 주된 역할은 정보 처리와 다른 뉴런으로 정보를 전달(정보 입출력)하는 것이다. 시냅스는 화재 시 양동이에 물을 담아 중계하는 것처럼, 뉴런 사이에서 정보를 전달하여 처리하는 통신회로와 같은 작용을 한다. 즉, 정보는 방대한 양의 뉴런에 전달되어 필요에 따라 처리된다.

예를 들면, 사진을 보고 기억을 되살리는 경우를 생각해 보자. '개 사진'을

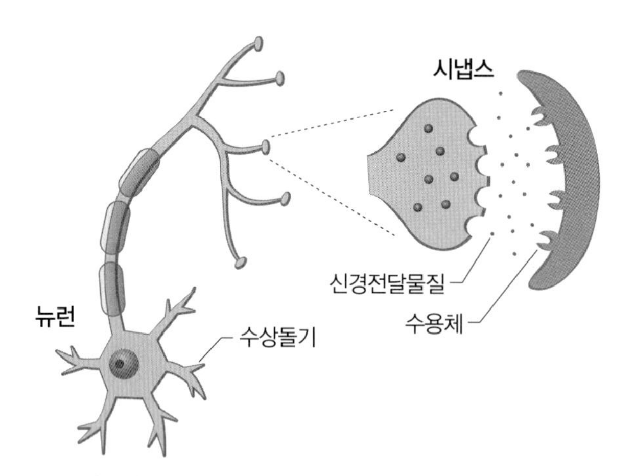

그림 1.10 뇌 신경세포(뉴런) 모식도. 인간 뇌에는 이런 것이 무수히 많이 존재하는데, 뇌 신경세포는 시냅스를 통해 서로 연계되어 있어 전기신호로 정보를 전달한다.

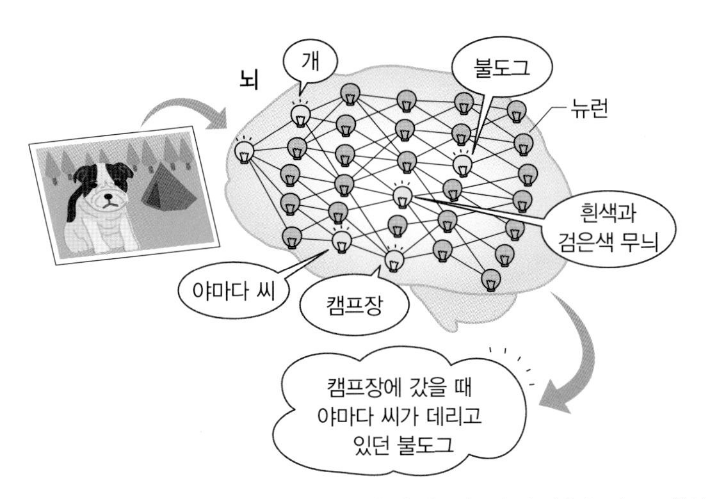

그림 1.11 사진을 봤을 때, 그 정보는 시냅스를 통해 뇌 내부의 무수히 많은 뉴런으로 확산되고, 반응한 뉴런에서 정보를 서로 연결하여 인식하거나 기억해낸다고 한다(그림은 이 과정을 이미지로 표현한 것이다).

봤을 때, 그 이미지 정보는 시냅스 결합을 통해 뇌 내부의 뉴런으로 확산된다. 정보를 전달 받은 모든 뉴런이 이에 대해 반응하는 것이 아니라, 그 정보에 해당하는 뉴런만이 반응한다('발화한다'는 표현을 사용하기도 한다).

이미지를 보고 '포유류'라고 인식한 뉴런과 '불도그'라고 인식한 뉴런이 반응하고, 거기에 '개', '흰색과 검은색 무늬'라는 정보가 더해지고, 이들 정보를 바탕으로 '야마다 씨', '캠프장' 등과 같이 뉴런이 반응하면 뇌는 '캠프장에 갔을 때 야마다 씨가 데리고 있던 불도그이고, 흰색과 검은색 무늬를 하고 있었다'라고 기억한다. 그리고 이 사진은 그때 찍은 사진이라는 것을 기억해낸다와 같이 뇌 안의 뉴런이 이런 식으로 작용한다는 가설이 있다. 뉴런이 많거나 정보가 풍부할수록, 또한 발화하는 뉴런에 의한 번뜩임이 많을수록 흔히 말하는 '머리가 좋다'거나 '천재'라는 소리를 듣는 것이다.

여기에서 소개한 예에서는 사진에 찍힌 사물을 인식하거나 사진에 촬영된 상황을 기억해내고 있다. 뇌는 앞에서 기술한 대로 기억과 학습, 판단, 계산 등 다양한 지적 처리를 수행한다. 뉴런 중에는 여러 역할을 담당하거나, 여러 처리를 수행하는 것도 있으므로 정보를 전달하거나 처리하는 과정에서 다른 능력을 발휘하는 것은 아닐까?

그리고 뉴럴 네트워크는 컴퓨터에 뇌와 같은 작동 구조를 모방하게 하여, 특정한 기능에 특화된 고도의 능력을 실현하도록 하는 수학 모델이다.

숫자를 인식하는 방법(기존 방법)

'뉴럴 네트워크'란 인간 뇌의 신경회로의 구조와 작동 원리를 흉내 낸 수학 모델(학습 모델)을 의미한다. 뉴럴 네트워크가 컴퓨터의 기존 방법(알고리즘)과는 어떻게 다른지를 알아보자.

이미지를 인식하는 시스템을 다시 한 번 생각해보자.

숫자를 인식하는 컴퓨터 시스템은 예전부터 실용화되어 있다. 숫자가 인쇄된 이미지를 인식하여 디지털 정보로 변환하는 시스템이다. 그렇다면 기존 시스템은 어떤 원리로 숫자를 인식하는 것일까?

먼저 '패턴 매칭(pattern matching)'이란 방법이 있다. 읽어 들인 이미지와 보유하고 있는 숫자가 꼭 맞아 떨어지면 이미지를 그 숫자로 변환한다. 읽어 들인 이미지가 기울어져 있어도 회전시켜서 일치 여부를 판단하여, 동일하다고 판단하면 숫자로 변환한다(패턴 매칭 기술은 이미지뿐만 아니라, 문자나 수열 등에서도 이용하는 기술이다).

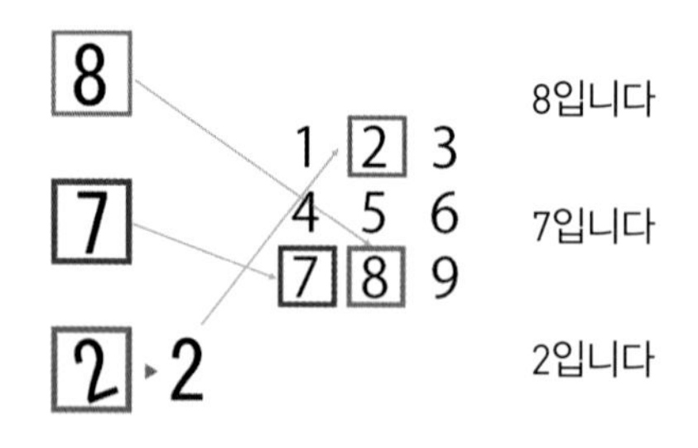

그림 1.12 입력된 이미지와 동일한 패턴인 것을 찾아서 숫자로 변환한다. 기울어진 이미지는 조정하여 같은 패턴인 숫자를 찾아낸다.

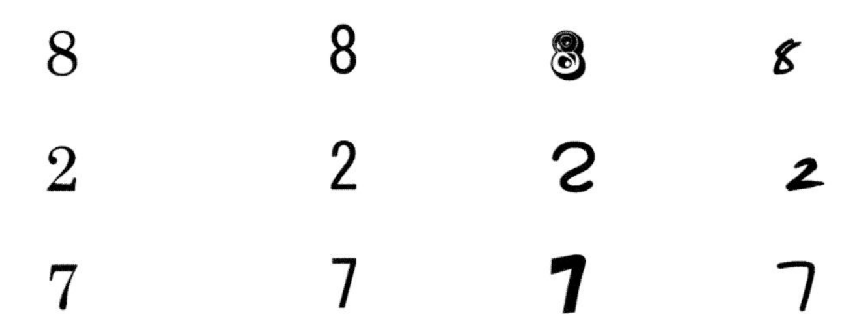

그림 1.13 폰트가 달라지면 이미지의 패턴이 크게 달라지는 경우도 있다.

이렇게 미리 정해둔 패턴을 이용하여 인쇄된 숫자를 인식하는 시스템은 기술적으로 그렇게 어렵지 않다.

그렇다면 어떤 폰트로 인쇄되었는지 모르는 상황에서는 어떨까?

숫자를 인식하는 시스템에서는 숫자의 형상을 인식하기 위해서 패턴이 가지는 규칙을 새로 추가하여 정답률을 향상시키는 방법이 있다. 고딕체나 명조체 등, 수십여 종에 달하는 폰트의 패턴을 미리 컴퓨터가 학습해 두면, 여러 폰트로 표시된 숫자에 대응할 수 있게 된다.

하지만 폰트의 종류는 무한하다고도 할 수 있으므로, 어떤 숫자라도 읽어 들이는 시스템을 개발하기 위해서는 특수한 경우를 포함하는 방대한 패턴의 규칙을 학습시켜둬야 한다. 즉, 방대한 양의 폰트 패턴 정보를 프로그래머가 등록할 필요가 있으며, 새로운 폰트가 등장하면 그 패턴도 추가해야 한다.

숫자 형상이 크게 달라져도 인간은 제대로 판별할 수 있지만, 컴퓨터가 사람처럼 판별하는 게 어려운 것은 이런 이유 때문이다.

똑같은 형상이 아니면 인식하지 못하는 것이 과제로 남아있다면, 문자가 가지는 특징으로 판별하는 것은 어떨까하는 생각이 들지 않는가?

예를 들어, 숫자의 형상을 문장으로 표현하면 다음과 같이 나타낼 수 있다.

읽어 들인 문자가 '동그라미 두 개가 세로로 늘어선 모습'이라면 '8'일 것이다. '동그라미가 비스듬한 직선과 조합을 이루고 있다'고 하면, '6'이나 '9'일

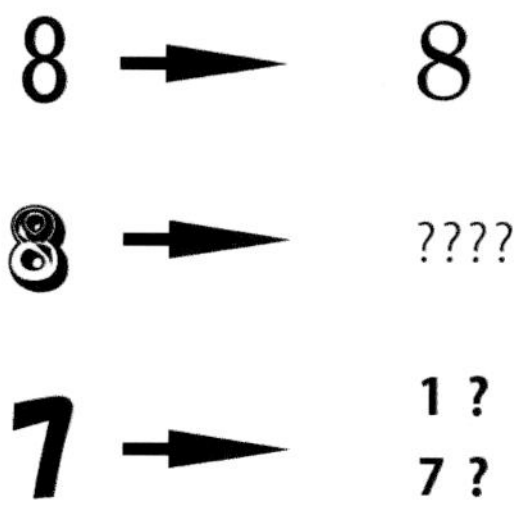

8 → 8 입니다

8 → ????

7 → 1 ? 7 ?

그림 1.14 특이한 형상의 숫자라도 정확하게 인식하기 위해서는 폰트에 따른 패턴 데이터가 필요하다.

것이다. 위쪽에 비슷한 직선이나 커브가 있으면 '6'이고, 동그라미가 위에 있고 비스듬한 직선이나 커브가 있으면 '9'라는 것을 알 수 있다.

이 방법은 숫자마다 특징을 규칙으로 만들어 두고 판별이나 구별하는 방법이다. 이 방법을 적용할 경우, 정확하게 형상을 추출할 수만 있다면 어떤 폰트로 표시하여도 상당히 정확하게 인식할 수 있을 것이다. 하지만 여기에 손으로 쓴 숫자를 추가하면 상황이 다시 크게 변한다. 손 글씨는 표준적인 규칙에서 벗어난 것도 있고, 그렇다 해도 암묵적인 양해 아래에서 일상적으로 사용되기 때문이다.

이와 같이 미리 설정한 규칙에 따라 컴퓨터가 인식, 분류, 판별하는 방법을 '룰베이스'(rulebase)라고 부른다.

앞서 소개한 예는 간단한 경우였지만, 복잡한 문제라도 룰베이스를 적용하면, 전문 분야용으로 만들어진 컴퓨터에 많은 조건을 학습시켜서 여러 질

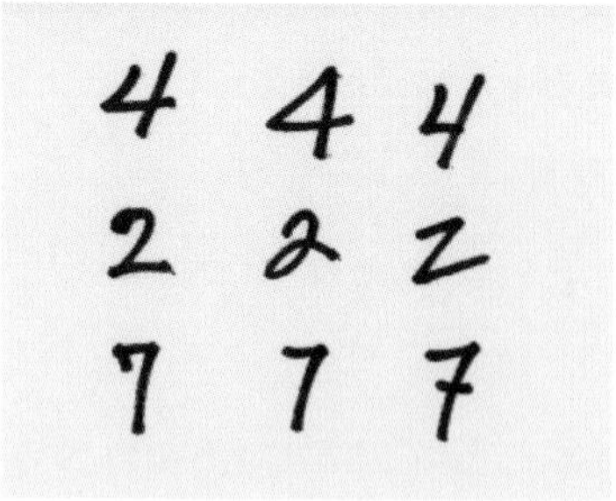

4 4 4
2 2 2
7 7 7

그림 1.15 같은 숫자라도 쓰는 스타일에 따라 크게 달라 보이는 사례. 이런 규칙을 모두 학습해야만 높은 정확도로 손 글씨를 인식할 수 있다.

문이나 문제에 대해 높은 확률로 정답을 이끌어낼 수도 있다. 흔히 말하는 '엑스퍼트 시스템'(expert system)이라 할 수 있다.

'if–then' 형식 규칙

컴퓨터에는 예전부터 'if–then' 형식 규칙을 사용하여 문제를 해결하고 판단을 수행하는 작동 원리가 적용되었다. 컴퓨터에 있어서 '프로그램'의 기본이라고도 할 수 있는 방법이다.

'If this is an apple, then it is a fruit.'(만약 이것이 사과라면, 그것은 과일이다)와 같이, 'if–then' 영어 숙어를 '만약 ××라면, ××이다'라는 조건문으로 기억한 경험이 있을 것이다. 컴퓨터 프로그램에서는 'if–then'을 자주 사용한다.

예를 들어 질의응답 시스템을 생각해 보면, 예전에는 'if–then'을 기본으로 조건에 따라 답을 이끌어내는 방법을 구축했다. 많은 조건을 사용하여 복잡한 판별이나 분류, 판단 등도 할 수 있지만, 엔지니어가 프로그램에서 설정해야 비로소 컴퓨터가 판별할 수 있게 되므로, 그 조건에서 벗어난 경우에 대해서는 인간처럼 임기응변으로 이해하거나 추론하는 것은 어려웠다.

이 상황에서 빛을 발한 것이 '뉴럴 네트워크'를 이용한 '기계 학습'이다.

기계 학습과 빅데이터

뉴럴 네트워크는 인간 뇌 신경회로의 원리와 구조를 흉내내어 인간과 비슷한 사고를 수행하게 되었다고 앞에서 설명했지만, 과연 인간은 어떤 방식으로 학습하는 것일까?

숫자를 기억할 때는 숫자마다 가지고 있는 표준적인 형상에 대해 학교나 가정에서 배운다. 그 결과로 각 숫자에 대해 '대강의 특징'을 알게 되고, 폰트가 다른 숫자라도 읽을 수 있게 된다. 또한, 많은 문자를 읽으면서 '이런 식으로 “2”를 쓰는 사람도 있구나’, ‘사람마다 다양한 방법으로 “7”을 쓰는구나’라고 경험을 통해 배우게 된다.

인간이 많은 것을 학습하여 현명해지는 것처럼, 컴퓨터도 방대한 데이터(빅데이터)를 읽는 것(해석하는 것)을 통해 ‘대강의 특징’을 이해하게 되고, 거기에 덧붙여 다양한 손 글씨를 대량으로 읽어 들이면 여러 가지 쓰는 방법이 존재하는 것을 이해하게 되는데, 이런 방법이 ‘기계 학습’이다.

뉴럴 네트워크를 사용한 기계 학습은 인간이 경험으로 학습을 더해가는 방법과 비슷하다.

기계 학습에는 샘플이 되는 데이터가 대량으로 필요하다. 그리고 샘플 데이터가 많을수록 인식 정확도가 높아지는 경향이 있다. 뉴럴 네트워크를 사용한 기계 학습에서 중요한 것은 대량의 학습 데이터, 즉 ‘빅데이터’가 있어야 한다는 점이다. 최근 수년간 뉴럴 네트워크가 눈부시게 진보한 원인 중 하나가 바로 빅데이터의 축적이 이루어졌다는 것이다. 기업이 축적한 방대한 빅데이터 뿐만 아니라, 인터넷에 방대한 정보가 공개되어 있다. 위키피디아와 같은 백과사전 사이트, YouTube와 같은 동영상 사이트, Google과 같은 검색 사이트, 방대한 숫자의 뉴스 사이트는 밤낮으로 정보를 발신하고, 계속하여 추가하고 있다. 또한, 주고받는 일상 회화는 페이스북이나 트위터와 같은 SNS에서 매일 방대한 데이터로 축적되고 있다.

특징량

기계 학습은 구체적으로 어떻게 사물을 인식하고, 식별하는 것일까? 앞에서 소개한 ‘대강의 특징’은 전문 용어로 ‘특징량’이라고 부른다. 특징량은 컴퓨터가 사물을 분석하여 찾아낸(추출한) 특징을 뜻하며, 컴퓨터 내부에서는 벡터값(여러 숫자로 이루어진 조합)으로 존재한다.

뉴럴 네트워크가 수행하는 특징량 추출 방법은 인간이 하는 방식과 비슷

입력된 이미지

분류 결과

그림 1.16 개와 고양이를 분류하는 문제를 내면, 인간은 거의 정확하게 분류할 수 있다. 하지만 컴퓨터가 수행하기에는 어려움이 있다.

하다.

한 예로 사람이 고양이와 개를 어떤 식으로 구분하는지 생각해 보자. 고양이를 식별할 수 있는 특징은 무엇일까?

귀가 서있고, 코는 튀어 나와 있고, 수염이 있으며, 몸은 털로 덮여 있다…라고 답을 할 수도 있지만, 이런 특징은 개도 마찬가지이고, 여우나 너

구리도 동일한 특징을 가지고 있다. 또한 고양이라고 해도 귀가 늘어져 있는 종류도 있고, 코가 튀어 나와 있지 않은 종류도 있다. 그래도 인간은 한 눈에 고양이인지 개인지를 구별할 수 있다.

'사람은 고양이와 개를 어떻게 구분할까?'라는 물음에 많은 사람은 '정확하게 어디라고는 말하기 어렵지만, 대충 안다'라는 애매한 대답을 한다.

이렇게 애매한 대답이 사실은 정답이다. 그리고 구분할 수 있는 사람은 지금까지 개와 고양이를 충분히 본 경험을 가지고 있다. 개와 고양이를 별로 본 적이 없다면 아이들이 가끔 틀리는 것처럼 틀릴 수 있는 가능성이 높으며, 개와 고양이가 주변에 있는 일상을 보내는 사람이라면 거의 구분할 것이다. '족제비'와 '담비'는 어떨까? 동물에 그다지 흥미가 없고 이들을 본 적이 없는 사람이라면 전혀 모를 것이다. 하지만 동물을 좋아하는 사람이나 학자라면 틀리지 않을 것이다. 본 경험을 바탕으로 특징을 이해하고 있기 때문이다.

기존 프로그래밍 방법으로는 '어느 부분으로 구분할지는 모르겠지만, 대체로 알 수 있다'라는 감각적인 분류 방법을 컴퓨터에게 지시할 수 없었다. 그래서 컴퓨터에 개와 고양이를 정확히 구분하게 할 수는 없었고, 이런 구분만을 위한 시스템을 만들기 위해서도 방대한 수고와 시간이 걸렸다. 뉴럴 네트워크가 발전함에 따라 빅데이터가 있다면, 인간처럼 경험을 통해 특징량을 추출하여 높은 확률로 사물을 구분할 수 있게 되었다.

인간처럼 학습하는 기계 학습

AI붐으로 인해 주목받고 있는 인공지능(AI)의 중심에는 '기계 학습', '뉴럴 네트워크', '딥러닝'이 있다. 키워드로 표현하면 세 가지이지만, 키워드를 연결하는 중요한 개념은 한 가지다. '딥러닝'이라는 구조를 가진 '뉴럴 네트워크(수학 모델)'를 사용한 '기계 학습'의 실용화가 시작되었다는 것이다.

앞에서 소개한 'AI 소믈리에'도 이런 기술을 이용한다. 이만큼 AI가 화제

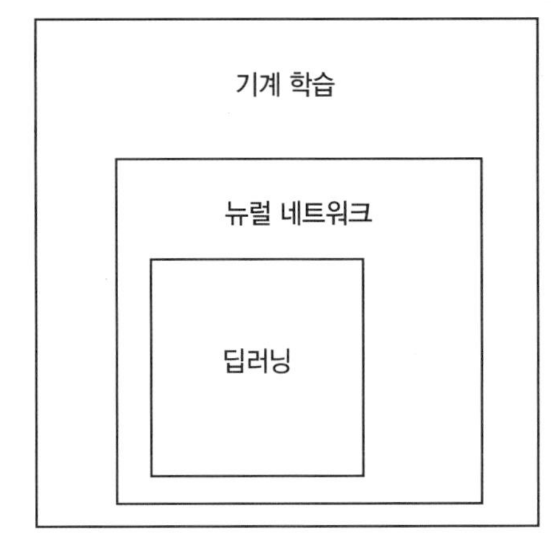

그림 1.17 '기계 학습'이란 말 그대로 컴퓨터가 학습하는 것. 이 학습 형태에 인간 뇌를 모방한 '뉴럴 네트워크'를 사용하고, '딥러닝' 구조를 가진 모델을 사용하여 정확도를 극적으로 향상시켰다.

가 된 이유는 이 기술의 도입 여부에 따라 장래의 서비스와 시스템에서 큰 차이가 발생하는 것이 아닐까라는 위기감 때문이라 할 수 있다.

'딥러닝'의 원리를 설명하기 전에 좀 더 구체적인 예를 들어서 '뉴럴 네트워크를 이용한 기계 학습'에 대해 알아보자.

개 이미지를 수천 장 준비했다고 하자. 그 이미지를 '개'라고 지정해서 뉴럴 네트워크에 입력한다. 업계용어로는 '뉴럴 네트워크에게 이미지를 먹인다'라고 표현하기도 한다(약간 거친 표현이긴 하지만, 알기 쉬운 표현이다).

이렇게 입력하면, 뉴럴 네트워크는 부지런히 이미지를 해석해서 그 이미지의 특징을 추출한다. 이렇게 특징이 축적되어 가면, 인간과 마찬가지로 개가 어떤 것인지를 나타내는 '특징량'을 산출하여 이미지에 개가 있는지 없는지를 식별할 수 있게 된다.

다음으로 '고양이' 이미지 수천 장을 뉴럴 네트워크에 입력한다. 마찬가지로 컴퓨터는 열심히 이미지를 해석해서 고양이의 특징을 이해한다.

여기까지가 기계 학습이다. 학습을 통해 개와 고양이의 특징을 파악한 뉴럴 네트워크와 알고리즘이 만들어진다. 여기에 '개'나 '고양이'의 이미지를 입력하여 '분류'하도록 지시하면 해당 이미지가 '개'인지 '고양이'인지를 식별한

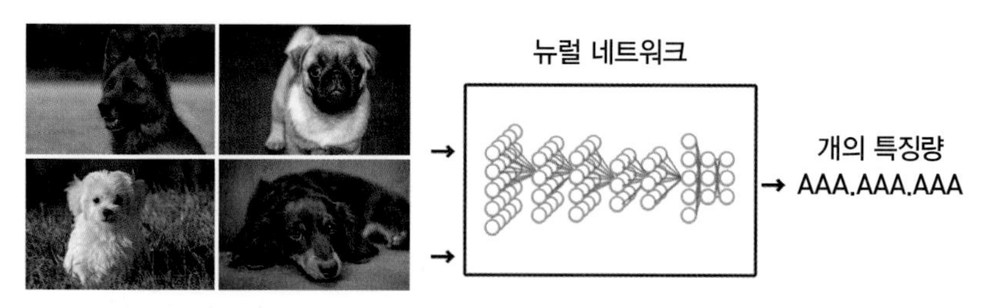

그림 1.18 수천 장이나 되는 개 이미지를 식별하며 개의 특징량을 학습하는 뉴럴 네트워크.

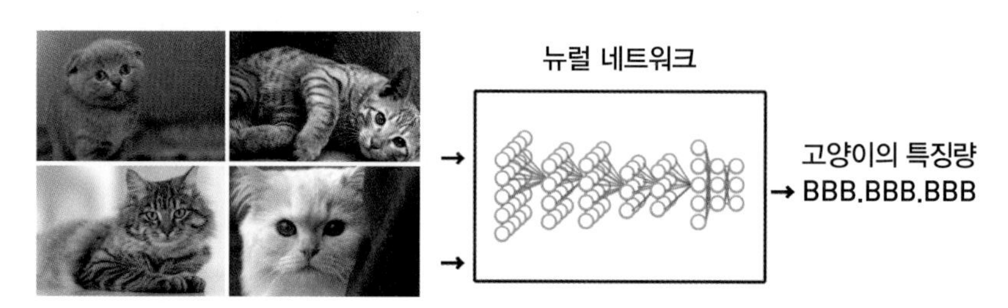

그림 1.19 수천 장이나 되는 고양이 이미지를 식별하며 고양이의 특징량을 학습하는 뉴럴 네트워크.

다. 이것이 뉴럴 네트워크를 이용한 기계 학습의 흐름이다.

뉴럴 네트워크의 원리와 기계 학습 방법은 뒤에서 소개하기로 하고, 최근 수년간 일어난 뉴럴 네트워크에 관한 토픽을 다음 장에서 몇 가지 소개하겠다. 이것들은 지금 인공지능 붐을 이해하기 위해 반드시 알아둬야 할 내용이다. 뉴스 보도 등을 통해 이미 알고 있다면 바로 3장으로 넘어가도 좋다.

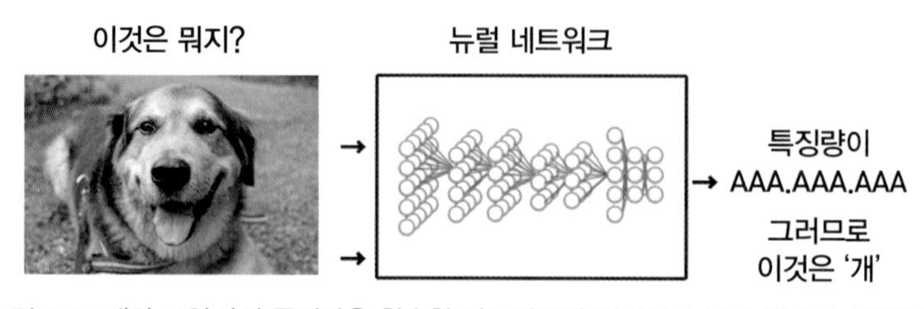

그림 1.20 개와 고양이의 특징량을 학습한 알고리즘이 이미지를 보고 개라고 식별한다.

2
뉴럴 네트워크의 충격

뉴럴 네트워크는 인간의 예상을 뛰어넘는 행보를 계속 해오고 있다.
Google의 고양이를 시작으로 게임 컴퓨터 DQN,
인공지능 AlphaGo와 프로바둑기사 이세돌 9단의 대국 등
인공지능은 학습을 통해 컴퓨터의 한계를 뛰어넘고 있다.

뉴럴 네트워크의 충격

Google의 고양이

지금의 인공지능 붐은 세 번째라고 한다. 1960년대에 일어난 첫 번째 붐(여명기)은 놀라움으로 받아들였지만, 현실과는 거리가 있어서 놀라움은 결국 실망으로 바뀌었다. 1980년대에 찾아온 두 번째 붐에서는 특정 분야에 한해서 전문지식을 갖춘 질의응답이 가능하거나, 문제를 해결하는 시스템이 주목받았고, 일본에서도 당시의 통산산업성이 570억 엔이나 되는 예산을 투입한 '제5세대 컴퓨터 프로젝트'가 기대를 모았지만 성공하지는 못했다.

현재 붐의 계기가 된 것은 2012년에 일어난 'Google의 고양이'다. 'Google의 고양이'에 사용된 기술이 뉴럴 네트워크다.

2012년 6월, 미국 Google의 연구팀 'Google X Labs'(당시 명칭)가 컴퓨터의 자율학습을 통해 '고양이'를 자력으로 인식할 수 있게 되었다고 발표했다. 검색 엔진으로 유명한 Google이 발표한 내용이라서 처음에는 '고양이'라는 키워드를 지정하면 고양이 이미지를 순식간에 찾아내어 표시하는 기능 또는 '고양이 이미지'를 입력하면 다른 고양이 이미지를 찾아내는 기능이 아닐까라고 많은 사람이 오해했었다. 하지만 Google이 발표한 내용을 이해했을 때, 거대한 전율과 함께 한 장의 고양이 사진이 화제가 되어 인터넷상에서 퍼져나갔다.

Google X Labs에서 일하는 직원이 YouTube에 올린 동영상을 보면, 임의로 준비한 200×200 픽셀 이미지를 수천만 장을 준비하여, 실험 중인 뉴럴 네트워크에 입력하였다. 앞에서 소개한대로 뉴럴 네트워크는 기억과 학습 방식이 인간과 가까우므로, 수천만 장의 이미지를 뉴럴 네트워크가 전부 봤다고 연상하면 이해하기 수월할 것이다.

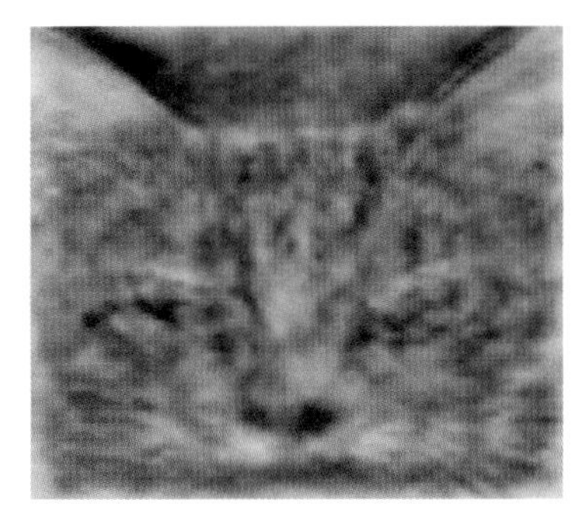

그림 2.1 컴퓨터가 뉴럴 네트워크 기계 학습으로 인식했다고 Google이 공개한 이미지. 흔히 'Google의 고양이'라고 한다.

뉴럴 네트워크는 수천 장이나 되는 이미지로 학습하여 고양이의 존재를 발견하고, 고양이의 특징을 이해하고 식별할 수 있게 된 것이다.

인간이 컴퓨터에게 고양이를 정의해 주거나, 고양이에 대해 가르쳐 준 것이 아니라, 컴퓨터는 다만 방대한 이미지 속에서 자력으로 고양이의 존재를 이해하고, 고양이의 특징량을 추출하여 구분할 수 있게 되었다.

혹시 '이대로 인터넷에 있는 데이터를 계속 읽어 들이면, 뉴럴 네트워크는 무한히 많은 것들을 인식할 수 있지 않을까?', '눈 깜짝할 사이에 인간보다 고도의 지식을 가진 컴퓨터가 자력으로 탄생하는 것은 아닐까?'라는 추측까지 오갔다. 'Google의 고양이'는 그만큼 충격적인 토픽이었다.

게임 AI 컴퓨터 'DQN'

Google의 고양이로 인해 뉴럴 네트워크가 주목받기 시작한 후, 그 다음 토픽을 발표한 곳도 Google이었다. 좀 더 정확하게는 Google이 인수한 영국의 '딥마인드'(DeepMind Technologies Limited)라는 회사가 발표하였다. 이 발표는 '딥러닝'이라는 키워드를 무대 위로 올려놓았다.

'딥마인드'는 천재 체스 소년으로 불리던 '데미스 허사비스'(Demis Hassabis) 씨가 케임브리지 대학을 거쳐 2010년에 설립한 회사이며, 2014년에 Google

이 인수했다.

딥마인드는 2015년에 비디오 게임을 하는 컴퓨터 시스템을 실험적으로 개발하여 'DQN'이라는 이름을 붙였다. '비디오 게임용 컴퓨터'가 아니라, '비디오 게임을 하는 컴퓨터'다. 그리고 DQN의 실험결과를 2015년 2월 'Nature'지에 발표했다.

DQN은 '벽돌깨기', '팩맨', '스페이스 인베이더' 등 Atari 2600이라 불리는 49가지 게임을 인간 대신 플레이했다. 플레이할 때 DQN은 규칙이나 득점 방법 등을 미리 배우지 않고, 아무 것도 모른 채 게임을 시작했다.

DQN은 처음에는 좋은 점수를 얻지 못했지만, 점차 높은 점수를 받았다. 예를 들면 벽돌깨기를 할 때, 처음에는 공을 튕겨내지도 못하고 계속 실패를 거듭했지만, 우연히 공이 벽돌을 깨면 점수를 얻는다는 점을 터득한 다음에는 공을 제대로 튕겨내기 위해 노력하기 시작했다. 즉, 공을 튕겨내어 벽돌을 깨면 점수를 얻는다는 규칙을 학습한 것이다.

DQN은 200번 플레이하는 동안 공을 튕겨내는 확률을 34%까지 향상시켰다. 벽돌깨기는 게임이 진행될수록 공이 빨라지는데, DQN은 이에 맞춰 튕겨내는 타이밍도 학습하였다. 그리고 벽돌깨기에는 고득점을 위한 비법이 있다. 벽돌의 세로줄 하나만 집중 공격하여 구멍을 낸 후, 그곳을 통해 공을 벽돌 위쪽으로 보낸 후 벽돌을 깨면 높은 점수를 받을 수 있다. 컴퓨터는 400번 넘게 플레이하며 이 방법을 스스로 찾아내어 고득점을 하였다. 몇몇 게임에서는 프로그래머보다 높은 점수를 받았다.

DQN은 게임 규칙과 고득점 방법을 누군가에게 배우지 않았다. 고득점을 위해 게임을 하며 규칙과 기술을 자율적으로 학습한 것이다.

그 후, DQN은 더욱 개량 · 강화되어 불과 1년 만에 'AlphaGo(알파고)'라는 AI바둑 컴퓨터로 등장하여 세계 최고 수준의 프로바둑기사인 이세돌 기사와의 승부에서 이겼다.

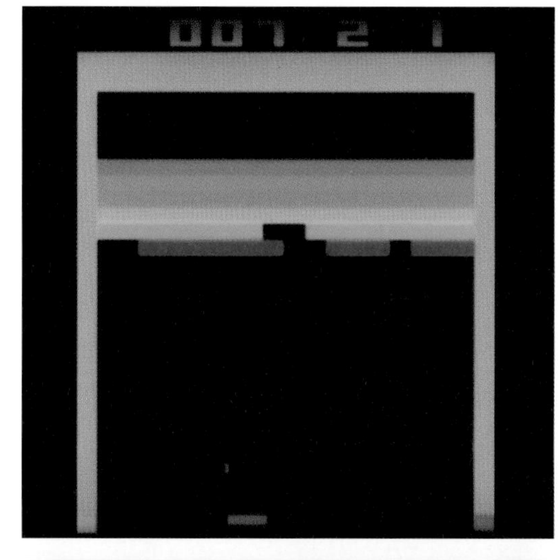

그림 2.2 벽돌깨기 화면. DQN은 공을 튕겨서 벽돌을 깨어 득점하는 것을 배우고, 약 200번 플레이하여 34% 확률로 공을 튕겨낼 수 있도록 자율 학습하였다(화면: 딥마인드가 YouTube에 공개한 이미지로부터 인용).

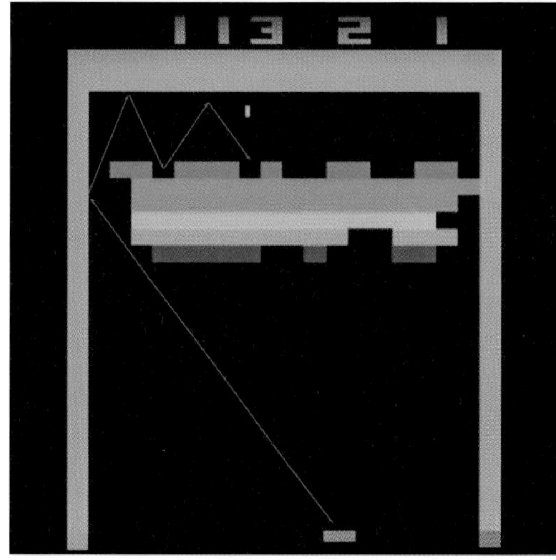

그림 2.3 DQN은 드디어 비교적 어려운 기술인 '터널링'을 발견하여 벽돌 위로 공을 보내서 벽돌을 깨면 고득점할 수 있는 것을 알게 되었다.

화상인식 콘테스트에서 딥러닝이 압승

미국 스탠포드 대학이 개발한 이미지 데이터베이스인 'ImageNet'과 관련한 국제적인 콘테스트가 정기적으로 개최되고 있다.

'ILSVRC'(ImageNet Large Scale Visual Recognition Challenge)라는 명칭을 가

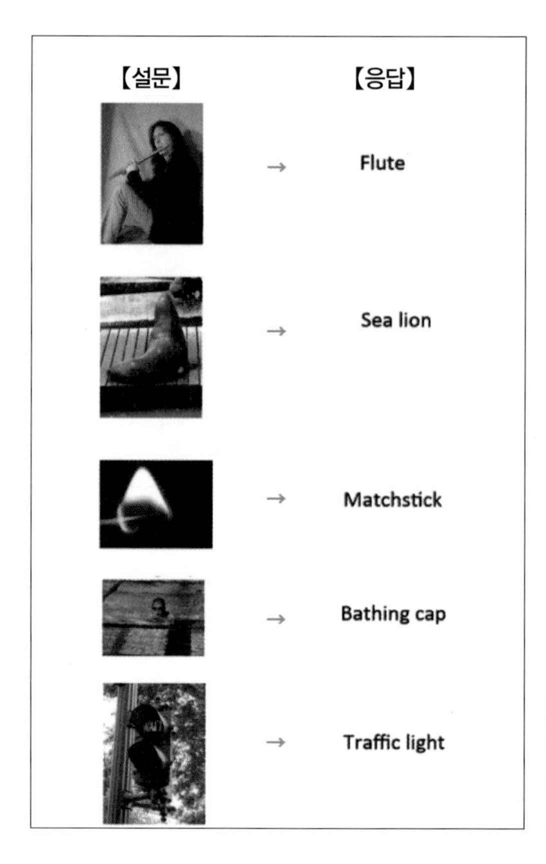

그림 2.4 컴퓨터가 이미지를 인식하여 무엇이 찍혀 있는지 맞추는 문제 중 가장 간단한 예(ImageNet의 자료에서).

진 물체인식(화상인식) 콘테스트이며, 컴퓨터에 이미지를 인식시켜서 그 상황을 맞추는 정확도를 겨룬다(그림 2.4 참조. 약 200가지로 분류된 다양한 이미지가 출제된다).

이 콘테스트에서 획기적인 사건이 일어났다. 이미지에 담긴 내용을 틀리게 답하는 비율을 '오답률' 또는 '실수비율'이라 한다. 2012년에 개최된 콘테스트에서 토론토 대학의 제프리 힌튼 교수가 이끄는 '슈퍼비전'팀이 실수비율에서 2위 이하보다 10% 가깝게 차이를 두며 우승하여 주목을 받았다. 이전까지의 실수비율이 약 26% 정도였지만, 슈퍼비전팀은 실수비율이 17%로 압도적인 강력함을 보였다. 그리고 이것은 '딥러닝'을 이용한 기계 학습의 성과였다.

이 사건은 인공지능 연구자와 기계 학습 개발 엔지니어를 흥분시키기에 충분했다. 실수비율 17%는 여섯 장 중 한 장을 틀리는 비율인데, 이것도 딥러닝을 적용한 시스템이 등장하면서 매년 향상되어 2014년의 GoogleNet은 오답률 6.7%로 우승했다. 상위를 차지한 다른 팀도 모두 딥러닝을 사용하였기 때문에 말 그대로 딥러닝이 대회를 석권했다. 2015년에 우승한 마이크로소프트의 'ResNet'(Deep Residual Learning)은 도전한 다섯 부문 전체에서 1위를 차지했으며, 오답률은 3.57%에 불과했다. 인간의 오답률이 5% 전후이므로, 딥러닝을 사용한 화상인식 기술은 인간의 인식 수준을 넘어섰다고 하는 사람들도 있다.

딥러닝은 화상인식뿐만 아니라, 음성인식 분야에서도 성과를 올리고 있다. 2016년 10월에 마이크로소프트는 자사의 시스템이 음성 단어를 잘못 인식하는 비율이 5.9%를 기록했다고 발표했다. 10% 정도였던 기존 시스템의 기록을 뉴럴 네트워크와 기계 학습을 조합한 시스템을 사용하여 큰 폭으로 개선한 것이다.

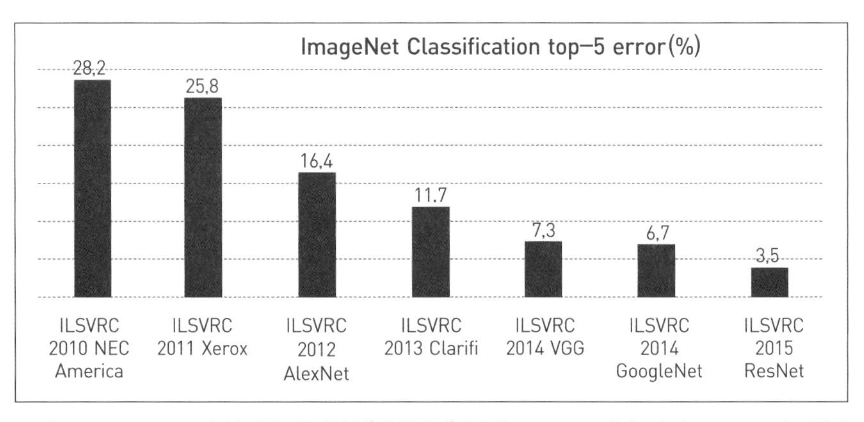

그림 2.5 ImageNet이 실시한 물체인식(화상인식) 콘테스트 2015에서 마이크로소프트는 참가한 다섯 분야 전부에서 1위를 차지하였고, 실수비율은 3.5%를 기록했다(마이크로소프트의 자료를 바탕으로 작성).

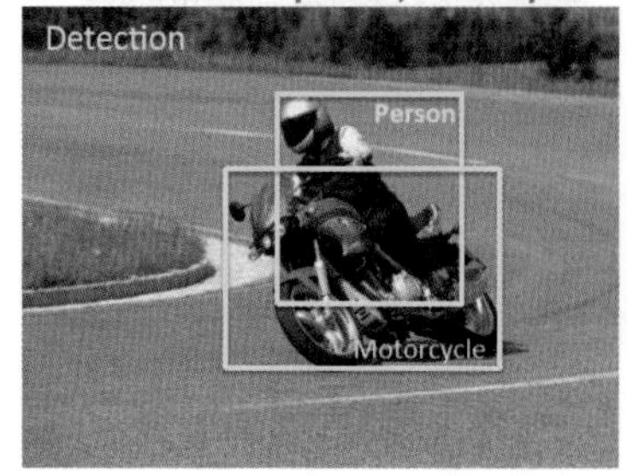

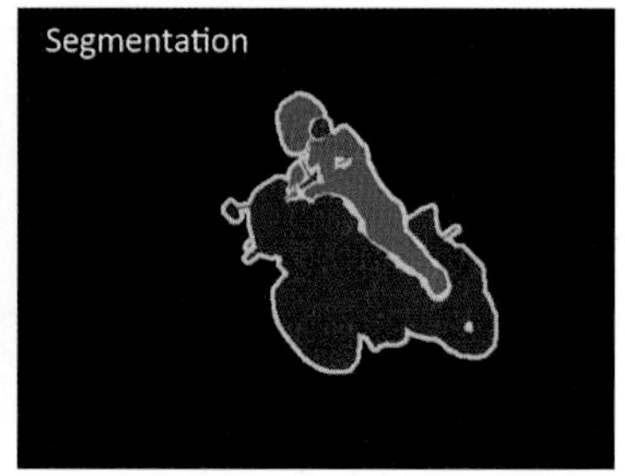

그림 2.6 모터사이클과 사람이 찍혀 있는 범위를 정확하게 분류(Pascal VOC에서 인용).

그림 2.7 사람과 개가 찍혀 있는 범위를 분류. 다른 것들도 분류(ImageNet 자료에서 인용).

이미 많은 시스템이 화상인식과 음성인식 기술을 사용하고 있다. 감시 카메라, OCR(광학적 문자 판독장치) 시스템, 개인인식, 지문인식, 음성회화, 성문분석 등에서 사용되고 있다. ILSVRC의 성과는 이미 실용화된 시스템의 인식 정확도가 딥러닝 기술 도입에 의해 현격히 향상될 수 있는 가능성을 보여준다.

'AlphaGo'가 바둑 실력자를 이기다

2016년 3월 9일, 프로바둑기사인 이세돌 기사가 바둑 전용으로 개발된 인공지능 'AlphaGo'(알파고)와 대국을 가졌다. 이세돌 기사는 한국기원에 속한 프로9단으로, 국제대회에서 10회 이상 우승한 실적을 가진 최강의 기사로 불리는 실력자다. 알파고를 개발한 곳은 Google산하의 딥마인드라는 회사다(게임 대전에 딥러닝을 도입한 DQN을 개발한 회사).

당시까지 체스와 장기 분야에서는 AI컴퓨터가 인간 실력자에게 승리한 역사가 있다. 하지만 바둑은 체스나 장기에 비해 경우의 수가 많기 때문에 컴퓨터가 인간 실력자가 두는 수를 모방해서 강해지려면 방대한 시스템이 필요하다고 여겨졌다. 그리고 바둑계의 많은 전문가들이 컴퓨터가 바둑에서 이길 수 없는 이유는 '바둑의 인간성'이라고 주장했다. 그래서 IT업계의 유식자들도 '언젠가는 AI가 이길 날이 오겠지만, 아직 10년도 더 걸릴 것'이라고 예상하는 경우가 대부분이었다.

알파고와 이세돌 기사의 승부는 다섯 번으로 2016년 3월 9일, 10일, 12일, 13일, 15일에 이루어졌다. 첫날은 3시간 반 동안 대국한 끝에 알파고가 이세돌 기사에게 승리했다. 알파고는 이세돌 기사와 실황중계 해설자가 의아해하는 독특한 수를 두었고, 어느샌가 우위에서 대국을 이끌어갔다. 이후로도 알파고는 정석적인 바둑에서는 금기시되던 수와 당돌하게 의표를 찌르는 수를 섞어 공격했다. 중계하던 해설자조차 알파고의 실수라고 생각했던 수가 몇

그림 2.8 이세돌 기사와 알파고(AI)의 대국은 전 세계의 주목을 받는 사건이었다. (출처: YouTube 딥마인드 공식채널)

그림 2.9 왼쪽이 프로바둑기사 이세돌 9단, 가운데가 딥마인드의 CEO 데미스 허사비스. (출처: YouTube 딥마인드 공식채널)

수 뒤에는 효과적인 수로 밝혀지기도 했다. 이렇게 다섯 번 대국한 결과, 알파고가 4승 1패로 이겼다. 이세돌 기사는 네 번째 대국에서 승리했지만, 이미 3연패를 당한 다음이라 승부에서의 패배는 확정되어 있었다.

이 '사건'은 대형 뉴스사이트에서도 'AI가 인간을 넘어섰다'라는 선동적인 표제로 보도하였기 때문에, 평소에 바둑을 두지 않는 사람이나 IT업계와 무관한 사람들도 관심을 가지게 되었다. 그리고 '인공지능'은 일반 시청자부터 정치가에 이르기까지 '인공지능 개발이 차세대의 키워드'로 받아들여지게 되었다.

충돌하지 않는 자동차

2016년 1월 미국 라스베이거스에서 열린 'CES 2016'에서 공개된 한 시연이 화제를 모았다. 도요타자동차 주식회사(이후 도요타), 일본전기통신 주식회사(이후 NTT), Preferred Networks사(이후 PFN)가 개발한 '충돌하지 않는 자동

그림 2.10 충돌하지 않는 자동차. (출처: 「"충돌하지 않는 것"을 학습하는 인공지능 자동운전차량 시연을 볼 수 있는 도요타 부스」 Car Watch, 2016년 1월 7일 http://car.watch.impress.co.jp/docs/event_repo/ces2016/738110.html)

차'가 그것이다.

여러 대의 프리우스 미니카가 특설회장을 자율적으로 달리는 시연이었다. 처음에는 서로 부딪혔지만, 점차 부딪치지 않고 달리는 것을 자율적으로 학습하여 최종적으로는 서로의 위치와 간격을 감지하여, 양보하며 충돌하지 않고 주행하는 내용이었다.

도요타로서는 자율운전 · 자동운전으로도 충돌하지 않는 미래 자동차를 보여주기 위한 전시였으며, NTT는 통신 관련 부분을 담당했고, PFN은 '딥러닝'(뒤에서 자세히 설명)으로 충돌하지 않고 달리는 '기계 학습'을 비롯한 인공지능을 사용한 제어부분을 담당했다.

여기에는 몇 가지 포인트가 있다.

자율주행과 자율학습

같은 내용의 시연을 한다고 했을 때, 예전이라면 모든 차량의 주행 코스와 속도를 충돌하지 않도록 미리 정하고, 계산 결과 충돌이 일어난다면 부딪히지 않게 속도를 조정하거나 타이밍을 조정하는 작업을 반복하는 프로그램을 짜야했을 것이다. 컴퓨터는 계산대로, 시간대로 확실하게 차량을 주행시키는 것은 잘하기 때문이다.

하지만 앞에서 소개한 시연도 그랬지만, 자율주행은 미리 정해두거나 프로그램된 것이 아니라 차량(시연에서는 미니카)이 자율적으로 판단하여 주행한다. 각 차량은 마음대로 코스를 주행하므로 미리 정해진 것이 아니다.

인간이 무선조종으로 미니카를 달리게 하더라도 처음에는 충돌할 것이다. 하지만 반복해서 조종하다보면 요령을 알게 되므로, 속도를 낮추거나 정차해서 양보하거나 다른 차량이 진행하려는 코스를 피하면서, 주위의 다른 차량과 충돌하지 않고 주행하는 법을 학습하게 된다. 인공지능(뉴럴 네트워크)의 학습도 이와 같아서 미리 프로그램된 것은 극히 기본적인 부분뿐이며, 컴퓨터가 경험을 통해 학습해간다. 이것이 기존 컴퓨터 프로그래밍 기술과 크게 다른 부분이다.

기존 자동차를 지원하는 인프라

많은 자동차 제조사가 자동운전차량 개발을 하고 있는데, 그 중심이 되는 기술은 하드웨어에서는 센서(감지) 기술, 소프트웨어에서는 딥러닝과 같은 AI 관련의 기계 학습이다.

초기에는 많은 사람이 '자동운전차량이 인간 판단을 넘을 리가 없다'며 자동운전 실현에 회의적이었다.

지금의 차량에서 운전자를 내리게 하고 로봇이 운전하는 것은 어려운 일임이 틀림없다. 하지만 여기서 말하는 자동운전은 그런 것이 아니다.

자동운전 실현에는 자동차들 뿐만 아니라, 자동차와 인프라 사이에서도 연계하여 정보를 공유하는 중요한 기술도 포함된다. 100미터 앞을 달리는 자동차가 보는 경치를 볼 수 있다면 어떨까? 교차로에 설치되어 있는 카메라 영상이 포착한 보행자와 다른 차량을 볼 수 있다면 어떨까? 인간의 시야에 의존하여 운전하는 지금의 자동차 사회보다 안전해지지 않을까?

개별 자동차는 주변 상황을 센서로 감지하여 차선을 따라 자동주행하거나 자동 브레이크 등 안전성을 판단하는 부분에서 AI 관련 기술을 사용한다.

한편, 안전성을 높이기 위해서는 주위와의 연계가 필요하다. 그중 하나가 거리와 도로에 설치된 카메라다. 예를 들면, 인간이 운전하는 자동차에서는 운전석에서 볼 수 있는 시야가 거의 모든 정보이지만, 교차로에 설치된 카메라를 사용하면 좌우 차선에서 진입해 오는 다른 차량을 감지할 수 있다. 또한, 선행하는 자동차와 정보를 공유할 수 있다면, 훨씬 앞쪽의 이변이나 인간 등을 감지할 수 있다.

그림 2.11 NVIDIA가 연구개발 중인 자동운전차량의 실제 분석 영상. 뉴럴 네트워크를 사용하여 주위 차량의 위치, 앞에서 오는 차의 위치, 사용할 수 있는 공간 등을 실시간으로 감지한다.

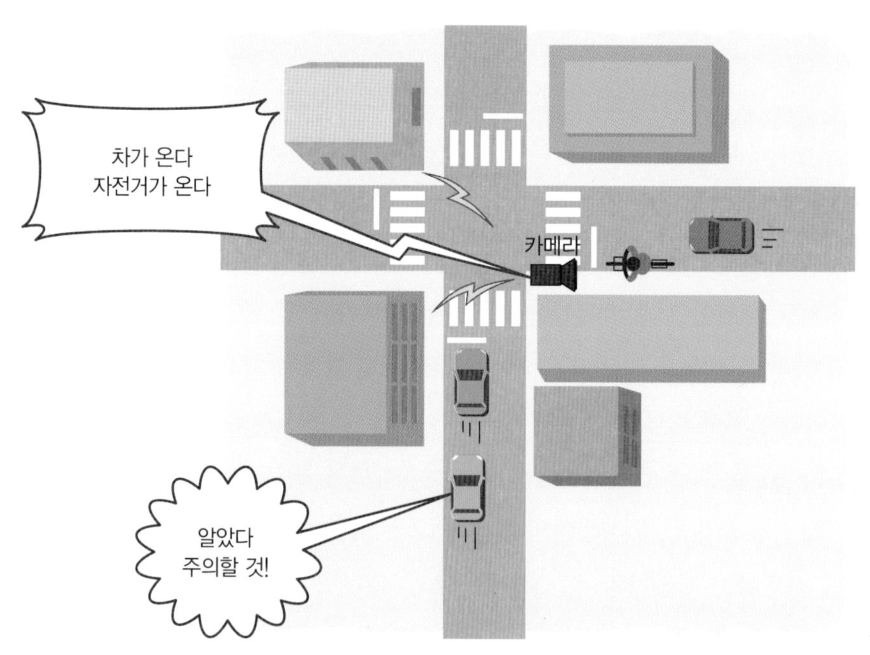

그림 2.12 교차로에 설치한 카메라와 통신하여, 진입하는 자전거와 자동차가 있다는 사실을 미리 알 수 있다면 사고를 미연에 방지할 수 있다.

스마트 시티(smart city)와 엣지 컴퓨팅(edge computing)

자동운전차량을 이용한 안전운전은 기존과 같이 자동차 단독 안전운전에 머무르지 않고, 통신과 영상 등 다양한 IT기술을 구사하여 실현한다.

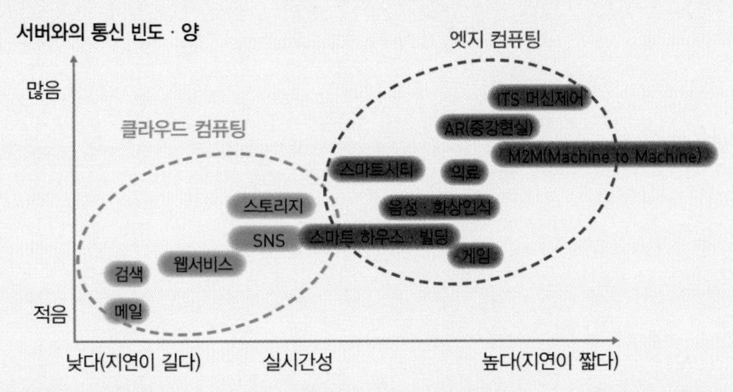

그림 2.13 클라우드 컴퓨팅은 이용자와 네트워크로 연결되어 있지만, 물리적인 장소가 다르기 때문에 통신 지연이 발생할 가능성이 높다. 실시간 구현이 필요한 정보 접근을 위해서는 이용자가 위치한 곳에 있는 엣지 컴퓨팅이 적합하다.

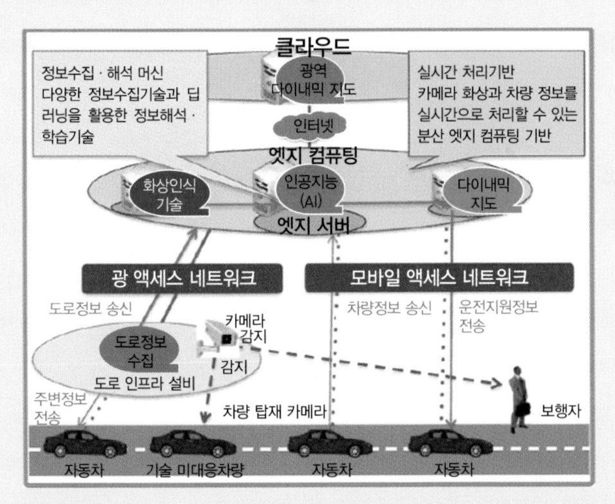

그림 2.14 도로 상황을 감시하는 카메라와 다른 자동운전차량과 통신하여, AI기술을 사용한 엣지 서버가 주위에 있는 보행자와 모든 차량의 위치와 진로를 파악한다. 안전하게 주행하기 위한 판단과 그 정보를 순간적으로 처리하여 차량과 공유하는 '고도 운전지원을 위한 엣지 컴퓨팅 기술'. (NTT 보도자료에서)

이를 실현하는 것이 인프라지만, 여기에는 과제가 있다. 스마트폰과 같은 단말기는 고속 처리 기능이 부족하다. 그렇다고 고성능 클라우드 서버에서 처리하려고 하면 통신이 걸림돌이 된다. 이를 해소하기 위한 것이 '엣지 컴퓨팅'이다.

엣지 컴퓨팅을 간단히 말하자면, 이용자와 물리적으로 가까운 곳에 엣지 서버를 설치하여 높은 지역성과 실시간 구현이 중요한 정보는 엣지 서버에서 해석하거나 정보를 제공하고 공유하는 시스템이다.

예를 들면, 거리의 어떤 구간에서 자동운전을 할 때 중요한 정보는 주위 교차로를 통행하는 차량과 보행자, 주정차된 차량, 이변 등과 같은 정보다. 이들 정보는 그 지역에 설치된 엣지 서버에서 고속으로 처리하여 이용하는 것이 이상적이다. 또한 엣지 서버가 주위 상황을 AI기술로 해석하고 가장 적합한 주행 방법을 판단하여 자율주행하는 차량과 통신하면, 더 안전한 운전으로 이어질 것으로 생각할 수 있다.

NTT가 이 프로젝트와 시연에 참가하는 이유 중 하나가 엣지 컴퓨팅과 인공지능을 이용한 '고도 운전지원을 위한 엣지 컴퓨팅 기술' 인프라 정비를 위한 연구다.

3
인공지능의 원리

인공지능의 대부분이 인간의 학습과 비슷한 방법으로
컴퓨터의 인식과 분류기술을 향상시켰다.
인간처럼 학습을 통해 방대한 데이터를 해석하고 분류하며
다양한 특징을 추출한다. 더불어 강화 학습을 통해
시행착오도 겪고 경험을 쌓으며 다음을 예상하기도 한다.

3 인공지능의 원리

기계 학습 방법

이제까지 설명한 내용을 통해, 최근 뉴스 등에 등장하는 '인공지능'의 대부분이 실제로는 인간의 학습 방법과 비슷한 방법으로 컴퓨터의 인식과 분류기술을 향상시킨 기술을 의미하며, 기계 학습 기술이 발전함에 따라 실현되었다는 것을 이해했을 것이라 생각한다.

제3차 인공지능 붐의 기본기술은 '기계 학습'이며, 그 발전을 가져온 것이

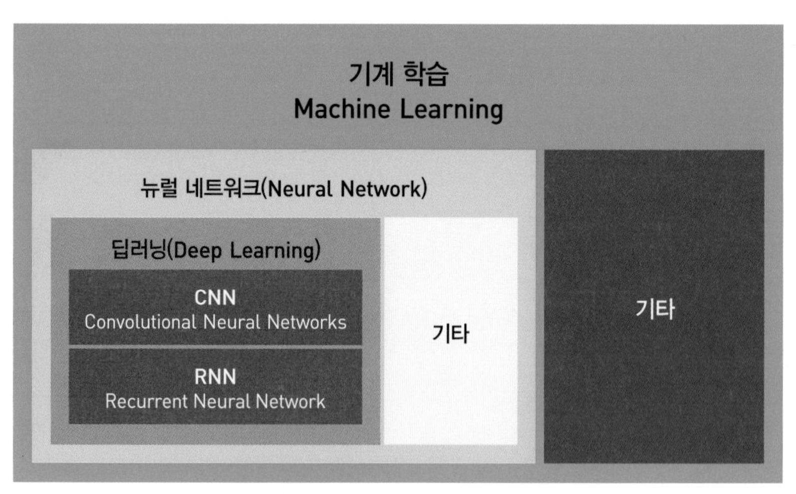

그림 3.1 몇 가지 기계 학습 방법 중에서 특히 뉴럴 네트워크 분야의 딥러닝이 상당히 진보하여 혁신을 이루었다고 평가받고 있다.

'뉴럴 네트워크'와 '딥러닝'이다.

세 가지 전문용어를 그림 3.1에서 정리했다. 컴퓨터가 학습하는 '기계 학습(머신러닝)' 분야기술이 크게 진화했다. 이 진화를 통해 인간 뇌와 유사한 학습 모델인 '뉴럴 네트워크'에서, 특히 '딥러닝'이라 부르는 학습방법으로 인해 비약적인 성과를 거두었다. 이로 인해 뉴럴 네트워크와 딥러닝 기술은 높은 평가를 받았고, 여러 분야에서 단숨에 도입되어 실용화에 가속도가 붙었다.

이제부터 뉴럴 네트워크를 이용한 기계 학습 방법에 대해 더 자세히 알아보자.

지도 학습(supervised learning)과 비지도 학습(unsupervised learning)

현재까지 기계 학습 분야에서 가장 개발이 앞서있는 것은 '자동적으로 인식해서 분류하는' 분야다. 예를 들면, 앞에서 소개한 것처럼 화상을 인식하여 숫자를 판별하거나, 화상을 보고 개인지 고양이인지를 식별하는 것은 모두 컴퓨터가 무엇인가를 '분류'하는 작업을 수행한 것이다. 전문용어로 '분류문제'라고 부른다(숫자 0~9를 분류하라. 개인지 고양이인지 분류하라).

참고로 분류문제에서 '문제'는 'problem'이 아니라 'question'에 가까운 의미이며, 분류하기 위한 설문이자 분류할 수 있도록 만들기 위한 '학습'이라고 이해하면 된다. 구체적으로는 어떤 식으로 컴퓨터가 학습하게 만들까? 개와 고양이 이미지를 예로 설명해보자.

먼저, 방대한 수의 이미지를 준비하여 컴퓨터에 입력한다. 컴퓨터는 입력받은 이미지를 부지런히 해석해서 어떤 특징이 있는지 추출한다. 이때, 개의 이미지 데이터에는 각각 '개'라는 정답을 붙여둔다. 이것을 전문적으로는 라벨이 붙어있는 데이터(정답이 붙어있는 데이터)라고 부른다. 컴퓨터는 '개' 이미지를 해석하고 학습한다. 그렇다면 정답을 알고 있는데 컴퓨터는 왜 학습을 할까?

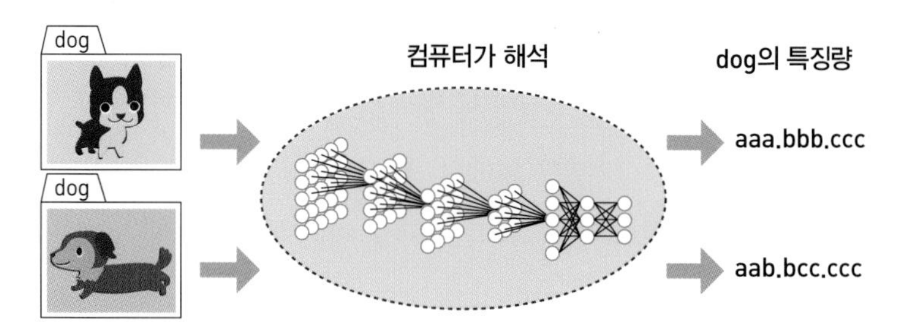

그림 3.2 'dog' 라벨(정답)이 붙은 이미지 데이터를 컴퓨터에 입력하여 'dog'의 특징량을 컴퓨터가 학습한다.

개 이미지를 분석하여 '개'라는 정답의 '특징량'을 이해해간다. 물론 몇 장의 이미지를 보는 것만으로 '개'를 분류할 수는 없다. 수천~수만 장이나 되는 방대한 데이터를 분석하여 개의 특징량을 축적하고 비로소 개를 분류할 수 있게 된다.

그렇지만 방대한 수의 개 이미지를 입력한다고 해도 그중에 불도그 사진이 한 장도 들어있지 않다면 나중에 불도그 이미지를 봤을 때 개로 분류하지 않을 수도 있다. 물론, 다른 개에서 추출한 특징량을 바탕으로 불도그를 개라고 분류할 수는 있다. 실제로 결과(성과)에 관해서는 그만큼 애매하다고 할 수 있다.

이처럼 라벨이 붙어있는 방대한 데이터를 컴퓨터에 입력하여 학습시키는

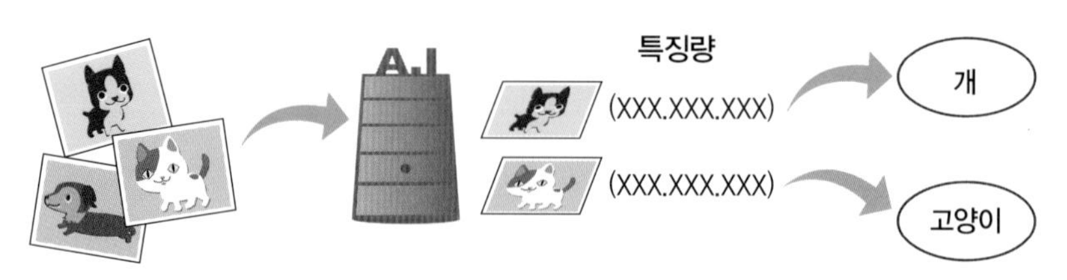

그림 3.3 개와 고양이의 특징량을 학습한 컴퓨터는 이미지를 보고 식별하여 분류할 수 있다. 개나 고양이가 찍힌 사진을 입력하면 어디에 해당하는지 분류한다. 이때 이미지의 특징량을 벡터값으로 산출하여 구분 기준으로 삼는다. 이 벡터값이 '특징량'이다.

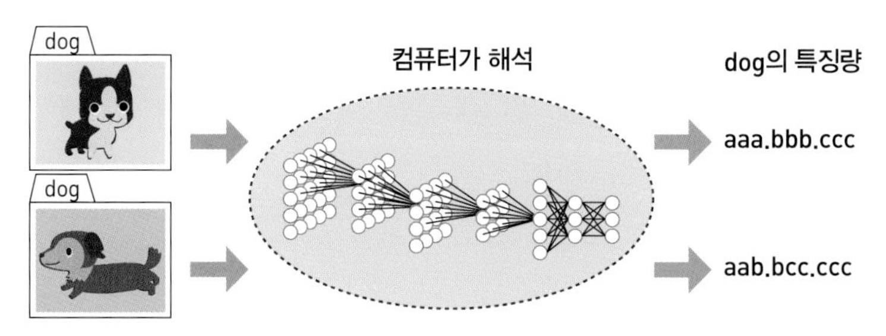

그림 3.4 정답(라벨)이 붙은 데이터를 많이 해석하면 개의 특징을 학습하여 분류할 수 있게 된다.

방법을 '지도 학습'이라 부른다. 지도 학습이라고 하면 인간이 옆에 붙어서 학습한다는 느낌이 있지만, 준비한 데이터에 정답이 붙어있는지 여부에 따라 '지도 학습'과 '비지도 학습'으로 나뉜다고 이해하면 된다.

같은 방법으로 '고양이'에 관해 지도 학습을 시키면, 개인지 고양이인지를 분류하기 위한 모델과 알고리즘을 완성할 수 있다. 완성된 것을 컴퓨터에 탑재하고 동물 이미지를 입력하면 '개'인지 '고양이'인지, 아니면 다른 것인지를 식별할 수 있다.

다음은 '비지도 학습'에 대해 알아보자.

비지도 학습

'비지도 학습'이란 정답 라벨이 붙어있지 않은 데이터를 사용하여 학습하는 방법이다. 지도 학습은 라벨을 붙이는 수고가 필요하지만, 비지도 학습은 그

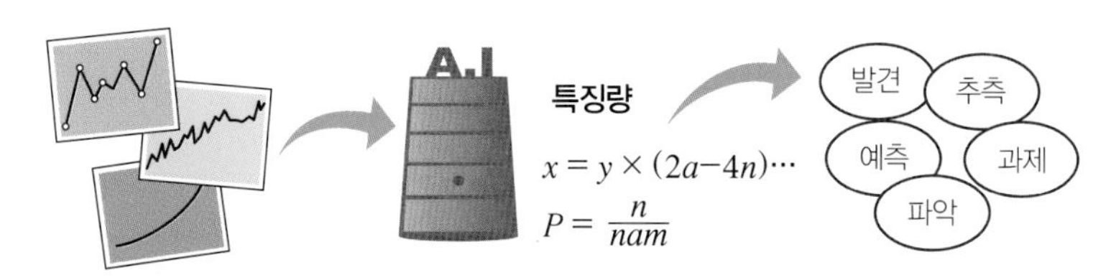

그림 3.5 비지도 학습은 통계적 공통점과 연결, 상호 연관성 등을 추출한다. 이 함수를 유도하는 시스템 개발 분야에도 사용하는 학습방법이다.

럴 필요가 없다.

하지만 지도 학습의 원리를 생각해 보면, 정답이 없는데 어떻게 컴퓨터가 학습할 수 있을지 의아할 것이다.

분류문제와 회귀문제

앞에서 기계 학습을 통해 개와 고양이를 분류한 예처럼 정보를 분류하거나 판별하여 나누는 것을 '분류문제'라 부른다고 설명했다. '분류'는 개와 고양이뿐만 아니라, 인물 사진이라면 피사체가 남성인지 여성인지, 더 자세하게는 누구인지까지 판별할 수 있다. 이밖에도 스팸메일을 판별하거나 문장을 단어로 나누는 형태소해석 등 분류기술을 활용하는 분야는 정말 다양하다. 그래서 기계 학습을 이용한 분류 정확도가 현격하게 높아지면, 'AI와는 무관하니까'라고 느낄법한 다양한 시스템에도 효과적으로 활용할 수 있고, 시스템의 수준도 높아질 것이라고 많은 기업이 깨달았다. 기계 학습 실용화가 비약적으로 발전한 것은 이 때문이다.

분류문제 이외에도 '회귀문제'라는 것이 있다. 회귀문제를 해결하기 위해서는 '비지도 학습'이 상당히 효과적이다. '비지도 학습'은 개라고 알고 있지만 '개'라는 라벨을 붙이지 않은 데이터를 사용하는 것을 의미하는 것은 아니다. 출력해야 할 답이 정해져 있지 않은 데이터를 가지고 학습한다는 의미다. 예를 들자면, 앞을 예측하는 것과 같은 분야다. 앞을 예측하는 것에는 정답이 있을 수 없다. 기본이 되는 데이터에도 정답이라는 개념은 없다.

예측 수치를 산출하려면 통계적인 함수를 유도해야 한다. 축적된 방대한 데이터를 해석하면 다양한 특징을 추출할 수 있고, 인간이라면 알아차리지 못한 함수(공식)를 산출할 수 있다. 그리고 'A가 이런 값이라면 B는 이런 값이겠지'와 같이 적절한 답(예측)을 이끌어 낸다. 이처럼 방대한 데이터를 기계 학습하면 관계성을 찾아내서 '통계적 함수'(공식)를 유도하는 것이 '회귀문제'

다. 추측한 숫자, 통계 숫자, 연속적으로 변하는 숫자(주가 정보 등)와 같은 것을 데이터로 입력하여 사용한다.

강화 학습

지도 학습과 비지도 학습은 어느 쪽이 더 나은 것이 아니라, 용도와 학습시킬 내용에 따라 선택해서 사용해야 한다. 또한, 지도 학습과 비지도 학습을 섞어서 기계 학습을 하는 방법도 있다.

우선 분류문제에서 성과를 내는 지도 학습으로 기계에 기본적인 특징량을 학습시킨다. 어느 정도 학습 성과가 보이면, 이후에는 비지도 학습으로 방대한 훈련 데이터를 입력한다. 이 방법은 반복학습을 통해 자동적으로 특징량을 산출하는 방식이다. 이것을 '준지도 학습'(semi-supervised learning)이라 부르기도 한다.

알파고의 강화 학습

세기의 바둑 대결로 유명해진 딥마인드(Google 산하기업)의 '알파고' 역시 이것과 비슷한 순서로 학습했다고 한다. 개발팀은 먼저 바둑 대국 웹사이트에 있는 3,000만 '수'나 되는 기본 데이터를 알파고에 입력하여 학습시켰다. 이런 상황에서는 이 수를 두면 효과적이고, 이 상황에서 이렇게 두어서 이겼다와 같은 사례를 학습시킨 것이다. 이 방법은 소위 말하는 이론을 배우는 '지도 학습'이라 할 수 있다. 하지만 이렇게 하면 많은 수고가 필요하고, 3,000만 수라고 해도 학습 데이터로는 압도적으로 부족하다.

그래서 개발팀은 컴퓨터끼리 자동으로 바둑을 두게 만들었다. 컴퓨터끼리 두는 바둑이므로 피곤해지는 일 없이 계속 대국을 거듭하여, 그 패턴에서 승리 법칙을 자율적으로 학습한다. 이 방법은 올바른 수를 가르치는 것이 아니라 바둑을 둔 경험을 통해 새로운 수를 축적하는 비지도 학습이다. 어느

그림 3.6 딥마인드의 알파고. (출처: YouTube 딥마인드 공식 채널)

정도 시간이 걸린다고는 해도 인간이 수고할 필요가 없으므로, 내버려 두면 대국(경험)을 거듭한다. 그 결과로 대국 횟수가 3,000만 번에 이르렀다고 하니, 짧은 시간에 방대한 경험과 수를 배워서 강해진 것이다. 이렇게 미지의 학습영역에서 보상(예를 들면 승리 점수)을 얻기 위해 반복하여 경험을 쌓고 최적이라고 판단한 다음 행동을 찾아내는 학습 방법을 '강화 학습'이라 부른다.

알파고 학습 프로세스

1. 처음에는 바둑을 좋아하는 사람이나 프로기사가 과거에 둔 사례를 학습(바둑 대국 웹사이트에서 3,000만 수)

2. 승리를 보상으로 하여 바둑 시스템끼리 대국시켜서 강화 학습(3,000만 대국)

3. 학습한 내용을 활용하여 인간 프로기사와 대국

경험과 보상

정답이 붙어 있는 학습 데이터에서 특징량을 추출하는 것은 비교적 수월하지만, 비지도 학습이나 강화 학습에서 컴퓨터는 무엇을 목표로, 또는 무엇을 단서로 학습하는 것일까?

강화 학습을 굳이 일상적인 학습과 비교하자면, '배우기보다는 익숙해져라', '체득'을 통해 이해하는 학습 방법과 비슷하다. 트레이닝을 통한 시행착오에서 시작해서, 가까이 있는 목표를 달성하고 다음 목표를 향해 가는 과정을 반복하며 실력을 키워가는 학습 방법이다.

인간이 학습하는 방법 중에는 매뉴얼로 만들 수 없는 것도 있다. 예를 들면, 자전거를 타거나 팽이를 돌리는 것처럼 체득이 필요한 기술은 매뉴얼을 이해한다고 해도 그 기술을 구사할 수 있는 것은 아니다. 오히려 직접 해보고 요령을 이해해야만 자전거를 타거나 팽이를 돌릴 수 있다.

'강화 학습'도 인간처럼 시행착오를 하며 실패와 성공을 통해 학습한다. 그러나 시행착오를 하더라도 기계가 무엇이 성공이고 무엇이 실패인지를 알고 있어야만 한다. 이를 해결하는 개념이 '보상' 또는 '득점'이다. 예를 들어 대국에서 이겼다면 보상을 받고, 더욱이 짧은 시간에 이기면 더 많은 보상을 받게 된다면, 컴퓨터는 가능한 한 짧은 시간 안에 승리하는 방법을 학습한다.

자전거를 예로 들어서 설명하자면, 넘어지지 않고 1미터 달리면 '보상'을 준다. 5미터 달리면 더 좋은 보상(높은 점수)을, 10미터 달리면 더 높은 점수를 받을 수 있다고 하자. 이와 같이 더 긴 시간동안 쓰러지지 않고 균형을 유지한 채 멀리까지 갈 때 높은 점수를 받는다면, 컴퓨터는 높은 점수를 얻기 위해 실행을 거듭하며 성공 경험을 통해 자율적으로 성공하는 방법을 배운다. 이것은 마치 인간이 경험을 통해 체득하는 것과 비슷하다.

로봇 개발 분야에서 이 기술은 정말 중요하다. 로봇은 센서를 사용하여 자신과 주위 상황을 판단하여 다음 행동을 수행한다. 만약 로봇이 자동차에 탑

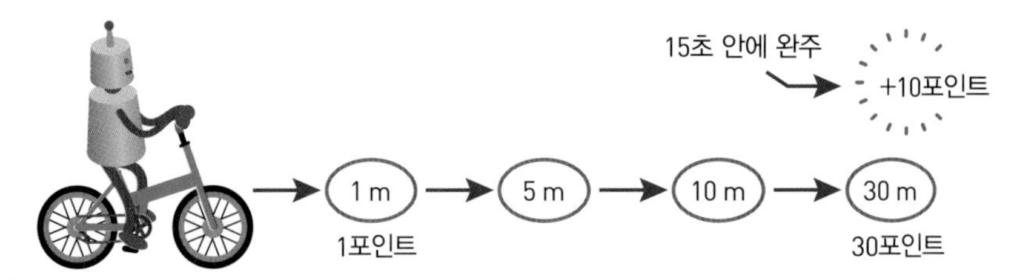

그림 3.7 로봇은 자전거로 멀리 갈수록 포인트 보상을 받는다. 또한, 자연스럽게 주행하도록 만들기 위해 소요시간으로도 보상을 받게 만들면, 숙달하기 위해 학습한다.

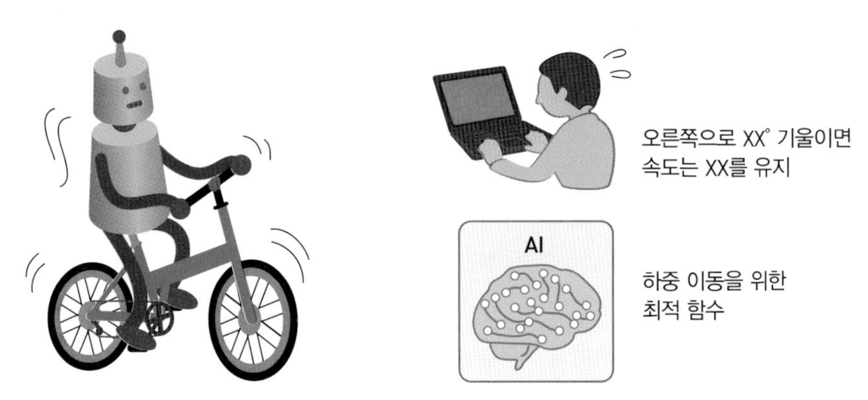

그림 3.8 로봇은 각종 센서를 사용하여 자전거의 균형을 유지한다. 예전에는 자율적으로 균형을 잡게 만들기 위한 프로그램을 엔지니어가 꼼꼼하게 코딩하거나 자세 자동제어 소프트웨어를 개발했었다. AI 관련 기술을 도입하여 자세 제어 알고리즘을 어느 정도는 자동화할 수 있게 되었다.

승하는 시스템을 개발한다면, 예전에는 엔지니어가 센서에서 얻는 정보로부터 로봇 자세를 세세하게 제어하기 위해 꼼꼼하게 프로그램을 만들어야 했다. 프로그램 코드를 사용하여 자세를 세세하게 제어하도록 지시하는 것(코딩)은 아주 힘든 작업이지만, 딥러닝 기계 학습을 적용하면 어려운 프로그래밍 작업에서 해방될 수 있다.

이런 이유로 기계 학습의 가장 큰 장점은 엔지니어의 수고를 줄이는 것이라는 사람도 있다. 실제로 엔지니어가 코딩으로 세세한 설정을 하려고 하면 방대한 시간이 걸리지만, 센서에서 얻은 정보를 통해 컴퓨터가 최적의 자세를 자동으로 제어하면 엔지니어의 수고는 틀림없이 줄어들 것이다. 게다가 지금까지의 코딩으로는 설정할 수 없었던 세세한 제어와 임기응변 능력, 상정하지 못했던 사태를 예측하여 즉시 대응할 수 있는 확장성 등도 큰 기대를 받는 부분이다.

기계 학습은 용도와 이용 방법에 따라 최적 학습 방법이 달라지므로, 가장 퍼포먼스가 좋으며 효과적 · 효율적으로 여겨지는 학습 프로세스를 선택하는 것이 중요하다. 그것을 판단하는 능력이 기술력이라 할 수 있다.

뉴럴 네트워크의 원리

단 하나의 학습 이론

뇌는 다양한 기능을 가지고 있는 것 같지만, 사실은 공통 패턴을 뇌신경 세포가 인식하고 처리하는 것뿐이라는 가설이 있다. 인간은 사물을 보고, 듣고, 대화하고, 느끼고, 감정을 가지고, 답을 생각하고, 추측하는 등 여러 가지 처리를 수행한다. 이를 위해 뇌에도 각 처리를 전문으로 하는 부분이 갖추어져 있어서 필요한 기능에 해당하는 부위에서 복잡한 처리를 담당하는 것으로 상상하기 쉽다. 하지만 실제로는 뇌 내부는 모두 같은 패턴 인식을 통해 정보가 처리된다는 이론이 있다. 이것이 '단 하나의 학습 이론'(One Learning Theory)이라 불리는 학설이다.

시신경이 절단되어 실명하더라도 청각을 처리하는 뇌신경에 직접 연결하니 시력을 회복하더라는 결과에 근거한 이론이다. 청신경이 시신경을 대체한다고도 생각할 수 있겠지만, 원래 뇌신경 자체의 동작원리는 같다는 가설이 지지받고 있다.

인간의 뇌를 모방하기 위해 컴퓨터가 수학 모델인 '뉴럴 네트워크'를 사용하는 경우도 뇌신경이 패턴을 인식하는 것을 모방할 수 있다면, 뇌처럼 화상인식, 음성인식, 계산, 분류, 추론, 학습과 기억 등 무엇이든 범용으로 처리할 수 있을 것이라고 여겨진다. 이것을 실현하는 것이 뉴럴 네트워크와 그 알고리즘으로 이루어진 컴퓨터 시스템이다(인간 뇌과학 분야와 구별하기 위해 컴퓨터의 뉴럴 네트워크를 '인공' 뉴럴 네트워크라고 부르기도 한다).

퍼셉트론

뉴럴 네트워크의 동작 원리 자체는 그렇게 새로운 것이 아니며 예전부터 연구의 대상이었다. 1943년에 '형식 뉴런'이 발표되었고, 시각과 뇌 기능을 모델화한 '퍼셉트론'(perceptron)은 1958년에 발표되어 오늘날의 뉴럴 네트워크의 근간이 되었다.

가장 단순한 퍼셉트론은 입력층과 출력층으로 만들어진 2층 구조다. 입력층은 외부에서 들어오는 신호의 입구이며, 이 신호를 처리한 결과가 출력층에서 출력된다.

입력층과 출력층만 존재하는 모델은 인간에게는 감각적인 모델이라 할 수 있다. 이 경우 입력층을 감각층, 출력층을 반응층이라 부른다. 행동을 예로 들면, '손가락을 꼬집혔다'(입력 신호)면 '손을 뺀다'(출력)와 같은 것이다. '손가락을 꼬집혔다'는 신호가 입력되면 입력층(감각층)에서는 그 정보가 많은 뉴런에게 전달되고 각 뉴런은 그 정보를 처리하거나 다른 뉴런으로 전달(전파)한다. 출력층(반응층)에서는 각 뉴런에서 나온 여러 반응 중에서 다수결로 가장 좋다고 결정된 '손을 뺀다'라는 결과가 나왔다고 할 수 있다.

하지만 실제로 나타난 출력이 반드시 일정한 것은 아니다. '손가락을 꼬집혔다'면 '소리를 높인다(외친다)'(출력)라는 결과가 나올 수도 있고, '꼬집은 것을 쳐낸다'일 수도 있다.

입력에 대해 어떤 출력이 나올지, 어떤 행동으로 나타날지는 반드시 일정

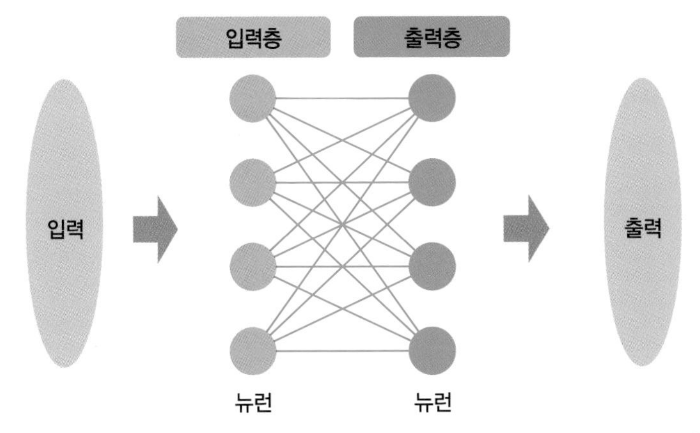

그림 3.9 가장 간단한 뉴럴 네트워크 모델. 입력층과 출력층으로 이루어져 있으며, 각 층에는 많은 뉴런이 존재한다.

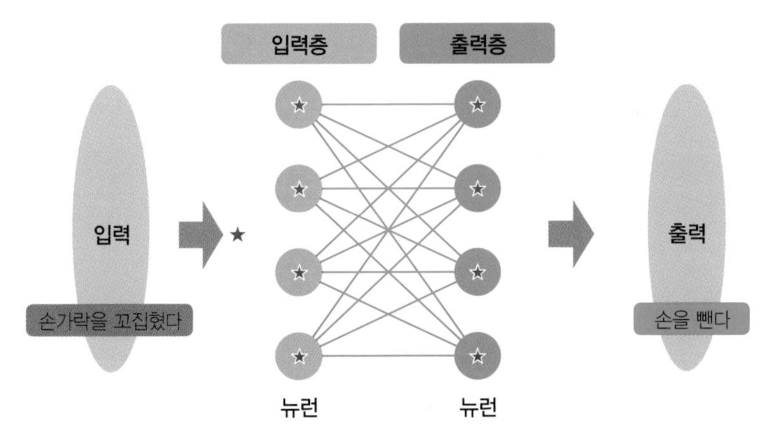

그림 3.10 '손가락을 꼬집혔다'라는 입력 신호에 대해 '손을 뺀다'는 행동을 출력한다.

한 것이 아니며, 답은 여러 가지일 수 있다. 어떤 것이 가장 접합한지는 그 사람의 경험, 자신감, 컨디션, 자세 등 여러 요인에 따라 달라진다고 여겨진다.

딥러닝

입력층과 출력층만으로 이루어진 '단순 퍼셉트론' 모델은 인간에게 감각적인 모델이라고 앞에서 설명하였는데, 입력층과 출력층 사이에 '은닉층'(hidden layer)을 두면 감각적인 모델이 사고적인 모델로 바뀐다.

입력층 뉴런은 입력된 신호를 처리하여 은닉층 뉴런에게 전파한다. 은닉층의 각 뉴런은 정보를 처리하여 출력층에 전파한다. 출력층은 은닉층이 낸 결과 중에서 가장 좋은 것을 선택하여 출력한다. 뇌신경 모델에서는 앞서 언급한 대로 뉴런이 많을수록 현명하다는 견해가 있다. 이를 근거로 하면 은닉층 뉴런 개수를 늘리면 보다 고도의 사고가 가능하다고 할 수 있다. 그래서 은닉층을 여러 겹으로 만들어 다층화 하여 뉴런 개수를 늘리는 방법이 고안되었다. 이를 통해 처리를 늘릴 수 있다. 이렇게 은닉층을 다층화한 모델을 '딥 뉴럴 네트워크'(DNN: Deep Neural Network)라 부른다.

그리고 딥 뉴럴 네트워크를 사용하여 기계 학습을 행하는 것을 '딥러닝'(심층 학습)이라 부른다. 앞에서 소개한 것처럼 방대한 숫자의 고양이 이미지를 입력하여 학습시키는(딥러닝) 방법으로 딥 뉴럴 네트워크는 고양이의 특징

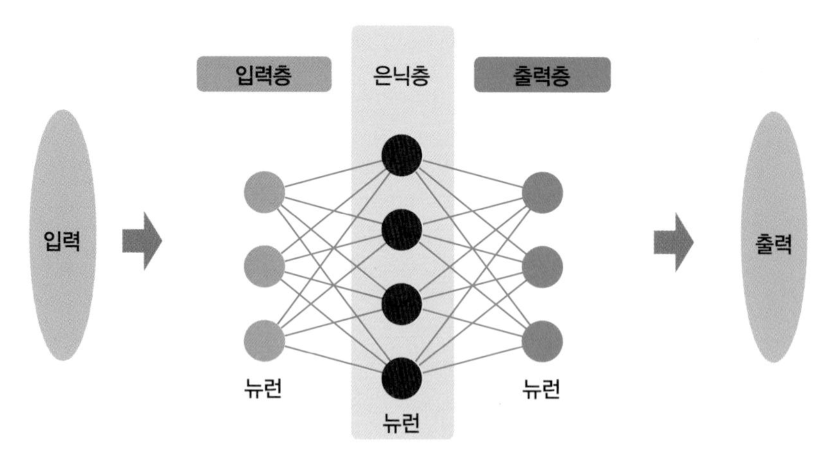

그림 3.11 입력층과 출력층 사이에 은닉층이 들어가서 생각이 가능해졌다.

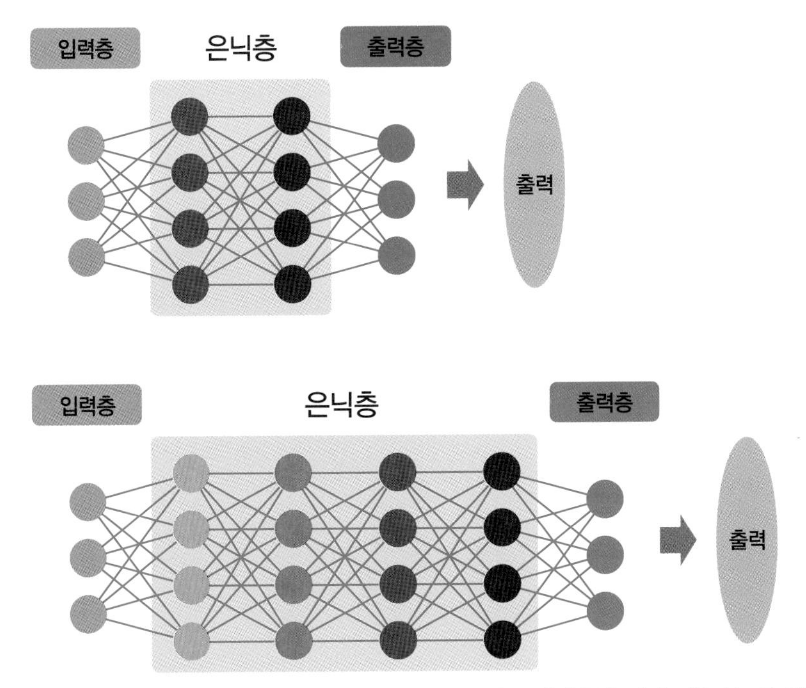

그림 3.12 은닉층을 2층에서 4층으로 늘린 예. 다층화 하여 뉴런 수를 늘려서 깊은 사고를 하는 모델이 딥 뉴럴 네트워크.

량을 추출하고, 그 특징량을 이해하여 분류한다.

우리는 종종 '깊이 생각한다'는 표현을 사용하는데, 딥 뉴럴 네트워크는 사고의 은닉층을 다층화 하여 정말 깊은 생각을 사용하는 데 성공했다고 할 수 있다. 참고로 그림에서는 딥러닝의 은닉층을 2~4층 구조로 표현했지만, '알파고'와 같은 시스템의 은닉층은 12~14층이라고 한다. 몇 층으로 구성할지는 시스템에 따라 달라지고, 가장 학습효율이 좋은 방법을 개발자가 찾아내야 한다.

한편, 다층화로 인해 몇 가지 과제가 등장했다. 하나는 뉴런이 증가하면 병렬 연산 부하가 방대해진다는 것이다. 즉, 컴퓨터가 계산처리를 하는 시간이 현저하게 길어져 버린다. 또한, 기계 학습에는 방대한 빅데이터가 필요하다고 앞에서 설명했지만, 심층 학습만으로도 시간이 걸리는데, 방대한 양의 빅데이터를 처리하려면 더 많은 시간이 걸린다. 그래서 기계 학습을 위해서는 고성능 컴퓨터가 필요하다(처리시간을 짧게 하는 방법으로 GPU와 FPGA를 도입하고 있다. 상세한 내용은 뒤에서 설명하겠다).

CNN과 RNN

이제까지 뉴럴 네트워크를 이용한 기계 학습의 개요와 원리를 설명했는데, 마지막으로 현재 주류로 자리잡은 'CNN'과 'RNN'을 소개하겠다.

두 가지 모두 뉴럴 네트워크 기술이며 CNN은 사진 등을 인식하고 해석하는 것에 뛰어나고, RNN은 시계열이 중요한 영상, 음악, 그래프 등으로 표현되는 숫자(추이가 있는 숫자) 등을 인식 · 해석하는 분야에 뛰어나다.

CNN(Convolutional Neural Network)

딥러닝과 기계 학습 분야에서 성과를 내고 있는 뉴럴 네트워크에는 2종류가 있다.

하나는 '콘볼루션 뉴럴 네트워크'(CNN)이며 번역하자면 '중첩 뉴럴 네트워크'라고 옮길 수 있다. 콘볼루션이라는 단어는 이미지를 압축 또는 늘릴 때, 무선 통신 등에서도 자주 사용하는 기술용어다.

여기서는 하나의 소재를 잘게 분해하여 해석하는 과정을 반복하여 점점 넓은 범위를 보는 방식으로 특징량을 인식하고 해석하는 데 뛰어난 것이 CNN이라고 기억해두면 좋을 것 같다.

구체적으로 설명하자면, 정지화상을 해석하는 것을 예로 들 수 있다. 알기 쉽게 설명하기 위해 얼굴 사진을 자주 예로 든다. 먼저 사진 끝부터 작은 범위로 분해해서 해석을 시작한다. 작은 범위에서 처음에는 직선이나 곡선에 불과하지만, 결합해가면서 그 폭을 넓혀 가면 코나 눈과 같은 부위를 파

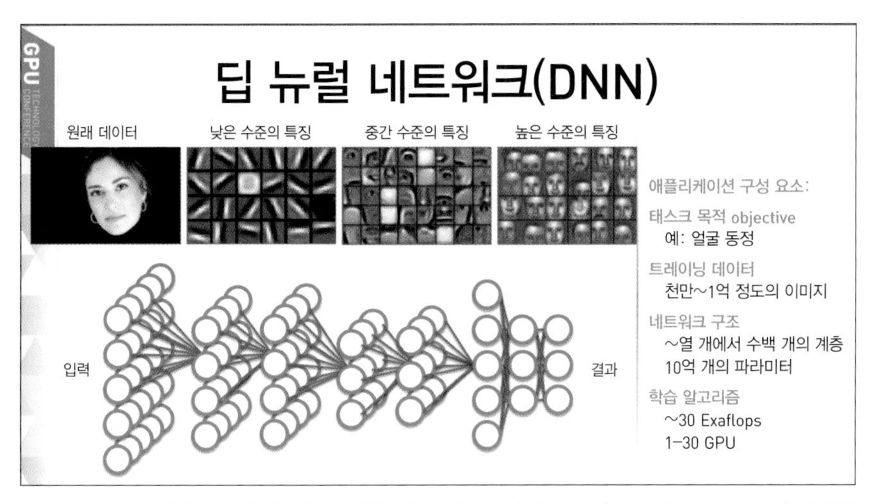

그림 3.13 이미지의 특징량 해석을 설명할 때는 이런 슬라이드를 자주 사용한다. CNN이 세세한 범위에서 해석하여 특징량을 추출하며 범위를 넓혀가는 것을 보여준다(※NVIDIA 발표자료에서).

악하고, 더 나아가 얼굴 전체를 인식한다. 이 과정에서 여러 특징량을 얻을 수 있다.

또한, 작은 범위에서 해석한 경우 강한 관계를 가지는 것은 그 주변 범위까지다. 즉, 떨어진 부분과의 관계는 약하다. 예를 들면, 사진 왼쪽 상단 끝과 오른쪽 하단과 같이 서로 떨어진 부분은 일반적으로 거의 특징량으로써 관계를 가지지 않는다. 이런 점에서 떨어진 부분은 특징량 해석에 사용하지 않는 편이 낫다고 할 수 있으며, 이 방법은 화상해석에는 아주 효과적이라고 여겨진다.

RNN(Recurrent Neural Network)

뉴럴 네트워크로 시계열이 중요한 정보를 해석할 경우에는 RNN을 사용한다. RNN은 '순환 뉴럴 네트워크'로 번역한다.

시계열 정보는 전후 관계가 중요한 정보다. 예를 들면, 'B'가 오면 다음에는 'C'가 올 것이라는 확률이나 예측을 생각할 수 있다. 이미지 해석은 CNN이 뛰어나지만, 동영상처럼 움직임을 파악하는 정보와 음성, 회화는 RNN이 뛰어나다.

문장 해석에도 RNN이 적합하다. 문장도 시계열로 해석하는 편이 특징량을 활용하기 쉽기 때문이다. 예를 들어서 다음 문장을 생각해보자.

'나는 개를 키우고 있습니다'

이 문장은 기존의 형태소 해석 기술을 사용하면, '나', '는', '개', '를', '키우고', '있습니다'로 분해한다. 조사인 '는'과 '를' 사이에 '개'가 있으므로 개는 목적어가 되고, '는'의 앞에는 다른 주어가 있을 것으로 추측할 수 있다. 이것은 문맥을 파악하는 순서를 보여주는 예이며, 기계 학습이 필요한 사례는 아니지만, 뉴럴 네트워크로 학습한다면 전후 관계가 중요하다는 의미를 보여주는 예다.

백 프로퍼게이션(back propagation)

시계열에서 중요한 정보를 해석하는 경우에는 앞에서 뒤로, 즉 시간 축에서 '오래된 것' → '새 것'으로 분석하는 것이 언제나 가장 좋다고는 할 수 없다.

예A 【오래된 것에서 새 것 순서로 해석】

➡ ➡ ➡ ➡
나 는 개 를 키우고 있습니다

예B 【오래된 것에서 새 것 순서로 해석】

➡ ➡ ➡ ➡
나 는 개 와

예B에서는 '와'라는 조사로 인해 뒤에 오는 말이 예A와는 다를 것으로 예측할 수 있다. '나는 개와 키우고 있습니다'로는 이상한 문장이 되어 버리기 때문이다. 그래서 '와'에 이어지는 문장으로 '산책하고 있습니다', '걷고 있습니다', '살고 있습니다' 등을 예측할 수 있는데, 이것을 학습하려면 문장을 거슬러가서 '와'에 이어지는 것이라고 학습해야 한다. 즉, 뒤에서 앞으로 학습하는 방법이 필요하다.

예C 【새 것에서 오래된 것 순서로 해석】

나 는 ← 개 와 ← 산책하고 ← 있습니다

나 는 ← 개 와 ← 살고 ← 있습니다

이와 같이 정보를 출력에서 입력으로 거슬러 가서 전달(전파)하는 방법을 '오차 역전파법', '백 프로퍼게이션'이라 부른다.

백 프로퍼게이션은 기술적으로는 RNN과 CNN 모두에서 사용하고 있다. 입력에서 출력으로 전파하는 일반적인 방법을 굳이 '포워드 프로퍼게이션'(forward propagation)이라고 부르기도 한다.

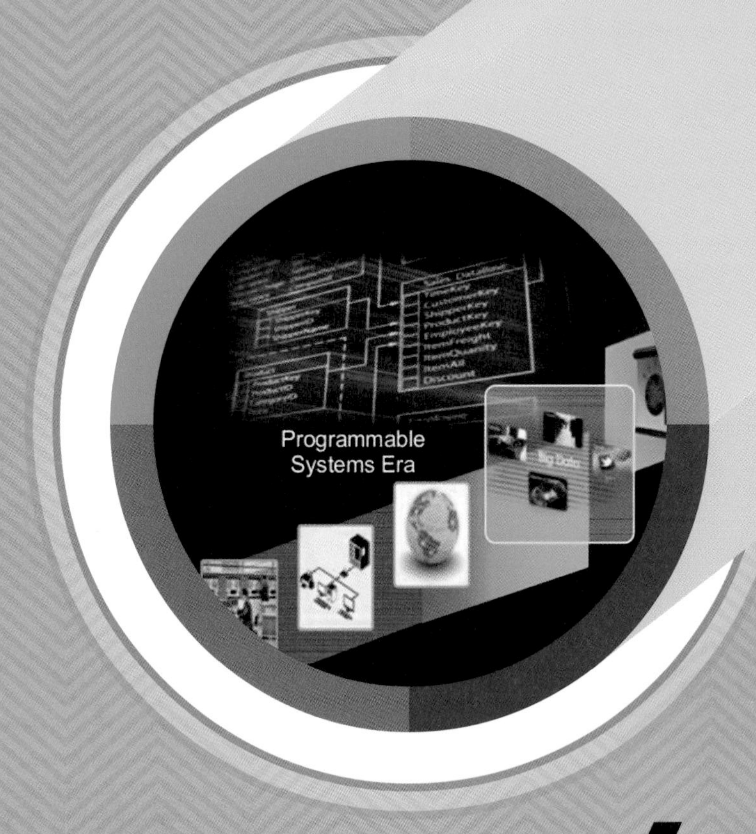

4

인지 시스템과 AI 챗봇

IBM은 Watson을 '코그너티브'(cognitive)라고 부르는데,
'인지'라고 번역할 수도 있지만 지각, 기억, 추론, 문제 해결을
포함한 지적활동을 지칭하는 것으로 사용한다.
인지 시스템은 콜센터, 은행에서 고객대응, 영업지원,
메일응대 지원 등에 도입되었고, 여기서 채팅과 로봇의 합성어인
챗봇의 등장은 또 한 번 AI의 한계를 뛰어넘은 사례이다.

4 인지 시스템과 AI 챗봇

IBM Watson이란 무엇인가?

컴퓨터는 인간을 뛰어 넘을 수 있을까?

컴퓨터 업계에서 일하는 개발자들은 예전부터 이 주제에 도전해 왔다. 그 대표적인 무대가 '체스'였다. 당시 세계 체스 챔피언이었던 가리 카스파로프(Garry Kasparov)를 이기기 위해 컴퓨터 업계의 거인 IBM은 슈퍼컴퓨터 '딥블루'를 개발했다. 체스에서는 다음 수 이후 전개가 어떻게 될지 앞을 읽는 것이 중요하지만, 딥블루는 1초에 2억 수를 미리 읽을 수 있었다. 그래도 1996년 2월에 벌어진 첫 번째 대결에서는 카스파로프가 이겼다(최종 성적은 1승 2무 3패로 딥블루의 패). 복수전으로 벌어진 1997년 5월 대결에서는 딥블루가 2승 3무 1패로 이겼다. 체스에서 드디어 컴퓨터가 인간을 넘어선 역사적인 사건이었다.

퀴즈에서 인간을 넘어설 수 있을까?

IBM이 딥블루의 뒤를 이어 인간에게 도전하기 위해 개발한 것이 'IBM Watson(이하 Watson)'이다. 개발 목표는 미국 퀴즈 프로그램인 'Jeopardy!'(제퍼디)에서 인간 퀴즈 왕에게 이기는 것이었다.

'컴퓨터니까 지식은 풍부하겠지. 퀴즈라면 당연히 이기겠지'라고 생각할 수도 있겠지만, 그렇게 간단한 것은 아니다. 오히려 당시 기술자들은 '무리'

라고 생각했다. 왜냐하면 퀴즈에 이기기 위해서는 Watson이 인간 언어를 이해해야 했기 때문이다.

Watson은 다른 참가자와 함께 퀴즈에 도전한다. 즉, 설문은 인간에게 던져지는 자연언어로 된 퀴즈인 것이다. 참고로 자연언어란 회화나 의사소통에 사용하는 언어를 의미하며, 일반적으로 인간이 사용하는 말이라고 생각하면 된다.

Watson은 퀴즈 프로그램에서 출제자의 질문을 정확하게 이해하고, 정답을 재빠르게 찾아내어 답해야 하므로, 컴퓨터에게는 상당히 어려운 과제에 도전하는 것이다. 당시는 음성인식 기술이 상당히 걸림돌이었으므로, Watson은 문자로 된 설문을 받아서 인식했다. 그리고 미국시간으로 2011년 2월 16일, 드디어 Watson은 다른 퀴즈 왕들 보다 많은 점수를 얻어서 퀴즈에서 인간을 이겼다.

이것이 Watson의 시작이다.

그림 4.1 미국 인기 퀴즈 프로그램 'Jeopardy!'에 도전한 IBM Watson. (YouTube: 일본IBM 공식채널 https://www.youtube.com/watch?v=KVM6KKRa12g)

당시의 Watson은 소위 '누구보다도 똑똑한 질의응답 슈퍼컴퓨터'였다. 현재 제품으로써 제공되는 형태와는 약간 달랐다.

참고로 Watson이라는 이름은 IBM의 창립자인 토머스 J. 왓슨(Thomas John Watson, 1956년 사망)의 이름에서 따왔다. 왓슨 씨는 'THINK'라는 모토와 표어로 유명하며, 컴퓨터 업계에서는 가장 유명한 사람 중 한 명이다.

의료 분야에서 활약하는 Watson

인간 퀴즈 왕에게 이긴다는 목표를 이룬 Watson이 그 다음으로 부여받은 사명은 인간 사회에 적용하는 것이다. 퀴즈에서 이기고 약 반년이 지난 2011년 9월에 IBM은 미국의 대형 의료보험회사인 웰포인트(WellPoint)와 제휴하여 Watson을 의료 분야에서 활용한다고 발표했다.

IBM의 보도 자료에는 다음과 같은 내용이 기재되어 있다.

"WellPoint는 최신 기술에 기반을 둔 의료를 수백만 미국 국민에게 제공하여 의료 진보에 공헌하기 위해, Watson 기술을 바탕으로 한 솔루션을 개발하여 시장에 투입합니다. IBM은 WellPoint 솔루션의 기반이 되는 Watson 헬스케어(health care) 기술 개발을 수행합니다."

Watson에게는 인간이 읽기 위해 쓴 문헌과 자료를 축적하여 전부 읽고 이해하는 능력이 필요하다. 이것을 '자연언어해석' 능력이라 부른다. 의료 관련 문헌과 논문 등 매년 발표되거나 간행되는 자료는 수십만 건으로 방대한 양이다. 인간이라면 도저히 전부 읽을 수 없다. Watson은 이 자료들을 전부 읽고 이해해야 하므로 1초에 8억 페이지를 읽을 수 있어야 한다. 그리고 이 자료들을 축적하여 학습하는 것만으로는 의미가 없다. 잘 활용하는 것, 즉 질문이나 의문에 대해 짧은 시간에 적절한 대답을 하는 것이 중요하다.

당시 보도 자료에서는 Watson이 '서적 약 100만 권(약 2억 페이지 분량)의 데이터를 분류하고 정보를 해석해서 3초 내에 정확한 분석 결과를 이끌어낼 수

그림 4.2 매년 증가하는 방대한 논문과 문헌을 인간 혼자서 읽을 수는 없지만, Watson이라면 전부 읽고 지식을 축적할 수 있다.

있다'라고 설명하고 있다.

이 기술을 사용하여 Watson은 의사와 연구자, 간호사, 제약 관계자 등 의료에 종사하는 사람들의 질문에 대해 적절한 최신 대답을 순간적으로 제공하는 시스템을 목표로 하였다.

의료 문헌과 논문은 5년에 2배로 증가한다고 한다. 환자 데이터를 매일 축적하는 병원도 있다. 그야말로 빅데이터라고 할 수 있다. 인간으로는 도저히 처리할 수 없지만, Watson과 같은 슈퍼컴퓨터라면 가장 적절한 대답과 예측을 이끌어낼 수도 있을 것이다.

암과 백혈병 치료를 지원하는 Watson

그동안 제약업계에서 신약을 새로 개발하려면 10년 정도의 기간과 1,000억 엔 정도의 예산이 필요하다고 여겨져 왔다. 예전에는 100만 종류가 넘는 화합물과 단백질 조합을 시험해보고 유효성을 찾아내야 하는 아득한 작업이었다. Watson은 이 분야에서 이미 미국을 중심으로 활용되어 효과적인 신약 개

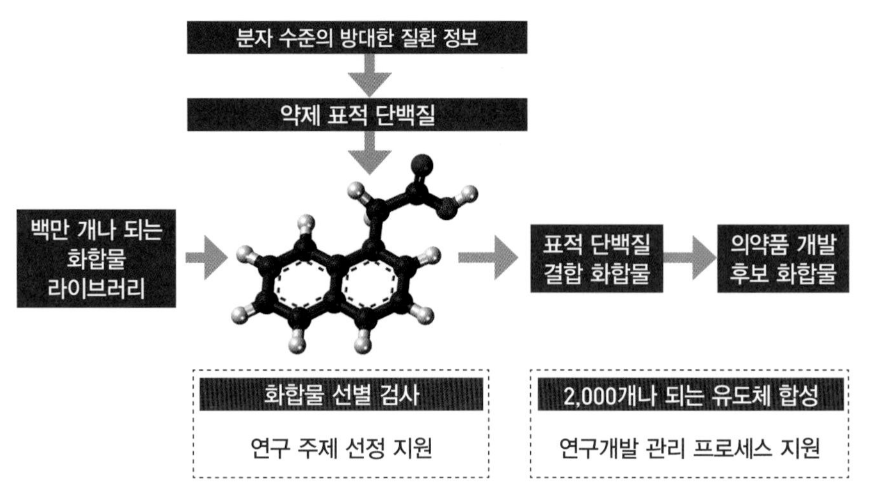

그림 4.3 신약 연구개발 프로세스는 화합물 라이브러리와 단백질을 조합하는 것과 선별 검사, 2,000개나 되는 유도체 결합 등 방대한 시간이 걸렸지만, Watson 도입을 통해 단축할 것으로 기대하고 있다(IBM Watson 일본어판 발표회에서 다이이치산쿄 제약회사의 발표 자료를 바탕으로 편집부에서 작성).

발 단기화에 공헌하고 있다.

예를 들면, 2014년에 Watson은 새로운 암 치료약 개발에 크게 공헌했다. IBM과 Baylor College of Medicine의 공동 연구에서 암 억제 유전자에 작용하는 단백질의 범위를 좁혀가는 작업에 Watson을 도입했다. 그 결과 약 7만 건이나 되는 과학논문을 분석하여 'p53'이라고 불리는 암 억제 유전자의 유력한 후보 단백질을 6종류나 특정했다고 한다. 이런 단백질은 1년에 한 개 정도 발견해도 좋은 편이라 여겨왔다면 대단한 성과다.

2016년 8월에는 의료에 투입된 Watson에 관하여 대단한 뉴스가 나왔다. 도쿄대학 의과학연구소에서 발표한 내용이다.

급성 골수성 백혈병으로 진단받은 60대 여성 환자는 2종류의 항암제 치료를 받았는데 개선 효과가 없었다. 하지만 Watson에게 2,000만 건이 넘는 암에 관한 논문을 학습시킨 다음 진단하게 했더니, 약 10분 만에 병명과 치료법을 추정했다. 의사도 그 판단에 동의하여 치료를 실시하였고 환자는 병세가 좋아져서 퇴원하게 되었다는 사례다.

물론 Watson이 의사 대신 모든 병과 치료법을 특정하게 될 것이라 추측하기에는 아직 이르다. 그렇지만 Watson은 신약 개발과 의료를 지원하여 실적을 남기고 있다. 특히 주치의의 진찰을 돕거나, 세컨드 오피니언(제3자에 의한 진찰 소견)으로 활용하기에는 실용적인 수준에 이르렀다고 할 수 있다.

코그너티브 시스템이란?

IBM은 Watson을 '인공지능'이나 'AI'라고는 절대 부르지 않는다. '코그너티브'라고 부른다. 코그너티브 컴퓨터, 코그너티브 시스템, 코그너티브 기술과 같은 식으로 사용한다.

코그너티브(cognitive)는 '인지'라고 번역할 수도 있지만, 좀 더 폭넓게 지각과 기억, 추론, 문제 해결을 포함한 지적활동을 지칭하는 것으로 사용한다(일반적으로 사용하는 특화형 AI와 같다고 이해해도 된다).

인공지능과 AI라는 단어가 애매하다는 것, 거기에 명칭에 대한 IBM의 고집이 더해져서 '코그너티브'라는 단어로 표현한 것이라 생각한다.

처음에는 IBM만이 사용하여 그렇게 친근한 영어 단어가 아니었지만, 최근 Microsoft도 비슷한 시스템에 '코그너티브 서비스'라는 표현을 사용하기 시작해서 앞으로는 더 친근한 단어가 될 것이다.

제3의 컴퓨터 세대

IBM은 코그너티브 시스템을 제3세대(cognitive systems era)라고 자리매김했다.

제1세대는 전자계산기의 시대, 제2세대는 지금까지 사용해온 OS와 소프

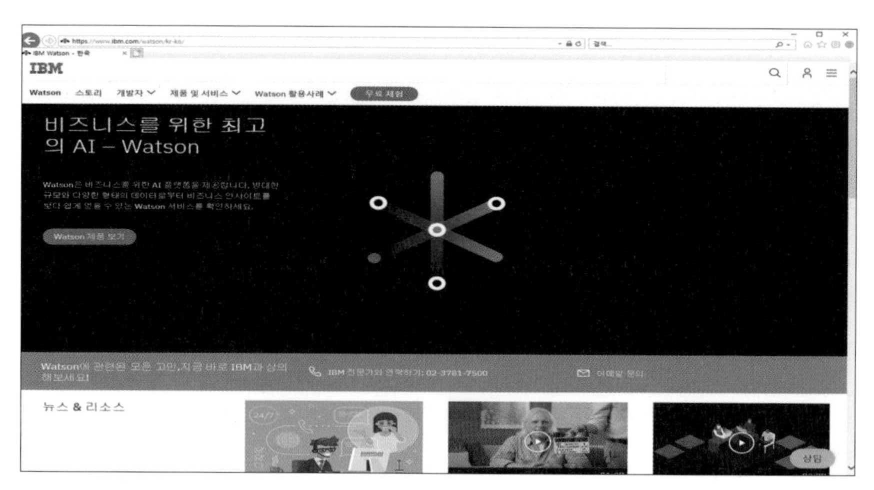

그림 4.4 한국 IBM의 IBM Watson 홈페이지.
https://www.ibm.com/watson/kr-ko/

그림 4.5 한국 마이크로소프트의 코그너티브 서비스 홈페이지.
https://azure.microsoft.com/kr-ko/services/cognitive-services/

트웨어로 이루어진 컴퓨터의 시대다. 제3세대인 코그너티브 시스템은 차원이 다른 것이라 인간이 제기한 질문과 과제에 대해 시스템이 자율적으로 학

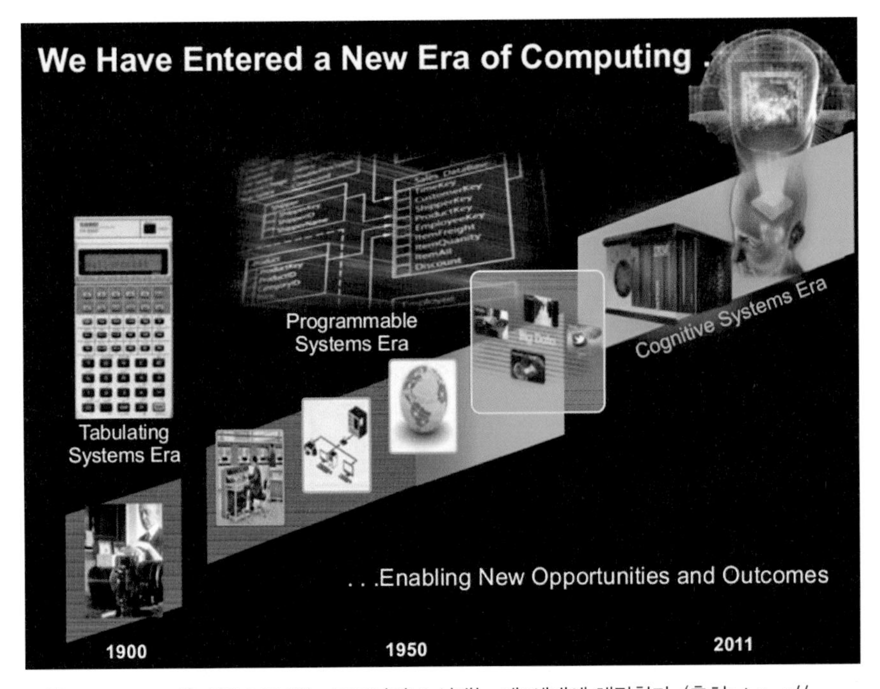

그림 4.6 Watson을 시작으로 하는 코그너티브 시대는 제3세대에 해당한다. (출처: http://www.slideshare.net/findwise/ibm-big-dataanalytics)

습해서 답을 내놓는 기술이다.

구조화 데이터와 비구조화 데이터

제3세대 컴퓨터 기술을 지탱하는 것이 자연언어를 포함한 '비구조화' 데이터 해석이다. 이렇게 표현하면 어렵게 보일 수도 있지만, 실제로는 간단한 내용이니 함께 알아보자.

컴퓨터 시대에서 정보는 구조화 데이터와 비구조화 데이터로 나눌 수 있다. 구조화 데이터는 컴퓨터가 이해 · 해독할 수 있도록 구조적으로 만들어진 데이터, 즉 컴퓨터용으로 만들어진 데이터다. 컴퓨터는 이해할 수 있지만, 일부 엔지니어를 제외한 인간은 이해할 수 없다. 지금까지는 우리가 컴퓨터에게 데이터를 처리시킬 경우, 컴퓨터용 구조화 데이터를 입력해야만 했다.

반대로 말하자면, 인간이 읽을 수 있는 데이터는 컴퓨터가 이해할 수 없다는 것을 보여준다. 예를 들어, 마이크로소프트의 워드로 만든 문서 데이터, 파워포인트나 키노트(애플에서 제작한 프레젠테이션 프로그램 – 옮긴이 주)로 만든 발표 자료의 내용을 컴퓨터가 이해할 수는 없다. 왜냐하면 이것들은 '비구조화' 데이터이기 때문이다. 즉, 인간과 컴퓨터가 이해하는 데이터에는 차이가 있어서 일종의 벽이 있는 것이다.

여기에 가교로 작동하는 것이 스프레드시트의 데이터라 할 수 있다. 마이크로소프트의 엑셀 데이터는 구조적인 형태를 가지고 있고, 액세스와 같은 데이터베이스용 데이터도 컴퓨터가 변환하고 이해하기 쉽도록 만들어져

그림 4.7 인간은 문서 데이터를 읽고 이해할 수 있지만, 지금까지의 컴퓨터는 이해할 수 없었다.

있다.

한편, 인터넷과 PC, 스마트폰 등이 보급됨에 따라 세상에 존재하는 데이터 중 비구조화 데이터가 늘어나고 있다. 일반적인 문서와 보고서, 논문, 발표 자료, 전자 메일, 디지털 카메라로 찍은 사진, 동영상 파일, 녹음한 음성 파일, 홈페이지 블로그, 밤낮으로 늘어나는 SNS 투고 데이터는 모두 인간이 읽고 들으면 이해할 수 있지만, 컴퓨터는 이해할 수 없는 '비구조화' 데이터다.

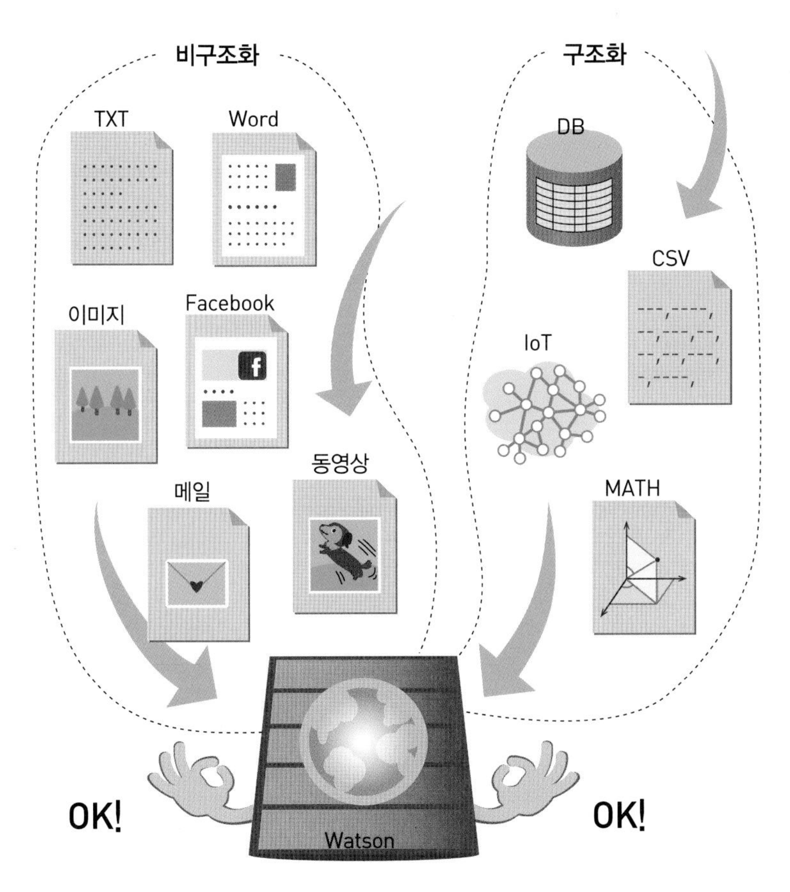

그림 4.8 구조화와 비구조화를 모두 읽을 수 있는 시스템이 새로운 시대의 코그너티브 컴퓨팅을 견인한다.

그림 4.9 일본 IBM의 IBM Watson 마케팅 매니저 나카노 마사요시 씨.

의료에서 활약하는 Watson을 소개할 때도 설명했지만, 매년 증가하는 연구논문을 읽고 이해하기 위해 코그너티브 시스템에 필요한 성능은 '비구조화' 데이터에 대응하는 것이다.

일본 IBM에 의하면 '어느 조사에 따르면 전 세계에 축적된 빅데이터는 2020년까지 44제타바이트 정도 될 것이라 한다. 테라 다음이 페타, 그 다음이 제타다. 44제타바이트는 440억 테라바이트로, 1테라바이트 용량의 하드디스크 440억 개 분량이다. 게다가 이 빅데이터의 대부분은 문장, 음성, 이미지, 센서 등에서 축적한 데이터이며, 80% 이상이 구조화되지 않은 데이터라고 한다. 구조화되지 않은 데이터는 컴퓨터가 이해하지 못한다고 여겨졌다. 그래서 빅데이터가 점점 축적되더라도 읽지 않은, 또는 읽을 수 없는 데이터가 계속 쌓이기만 하면 컴퓨터가 활용할 수는 없다. 하지만 'Watson은 이런 데이터를 이해하는 기능을 가지고 있다'라고 한다(IBM Watson 마케팅 매니저 나카노 마사요시 씨 발언에서).

Watson의 실체는?

퀴즈 왕에게 도전했던 Watson은 대규모 질의응답 시스템이었다. 백과사전과 같은 방대한 데이터베이스를 가지고 순식간에 대답하는 기술과 함께 개발되었다.

비즈니스용으로 준비된 Watson은 약간 다르다. 백과사전과 전문지식 등의 데이터베이스를 가지고 있지 않다. 의료용 문헌, 병원 환자 데이터, 신약 개발에 필요한 화합물과 단백질 정보처럼 그 용도에 따라 Watson이 학습하는 데이터가 달라지기 때문이다.

또한, 이렇게 방대한 데이터는 IBM이 아니라 사용하는 기업이나 단체가 가지고 있는 것이 일반적이다. 왜냐하면 병원 환자 데이터와 신약 개발에 필요한 데이터는 극비 기밀데이터로 취급되므로 병원이나 제약회사 측에서 외부로 보내고 싶지 않을 것이다. 기업이 축적하고 있는 마케팅 정보도 경쟁사가 사용하기를 바라지 않을 것이다. 이런 관점에서 Watson은 백과사전을 가진 전지전능한 현인이 아니라, 아무런 지식이나 경험이 없는 아기 상태에서 처음 사용한다. 그러므로 먼저 Watson을 학습시켜야만 한다.

게다가 상용 Watson은 모든 기능을 가지지 않고, 사용자가 필요로 하는 기능만을 이용할 수 있도록 구성한다. 각 기능은 차례로 공개되어 실험을 거듭하며 실용화를 향해 간다.

의료 분야에서는 문헌, 논문, 의료정보, 진료록(카르테) 등 방대한 정보를 Watson에게 학습시킨 다음 환자의 증상을 말하면, 원인을 추론하여 제시하거나 이런 증상이라면 이런 병일 가능성이 크다는 식으로 가능성이 큰 것부터 목록을 제시하는 기능을 사용한다.

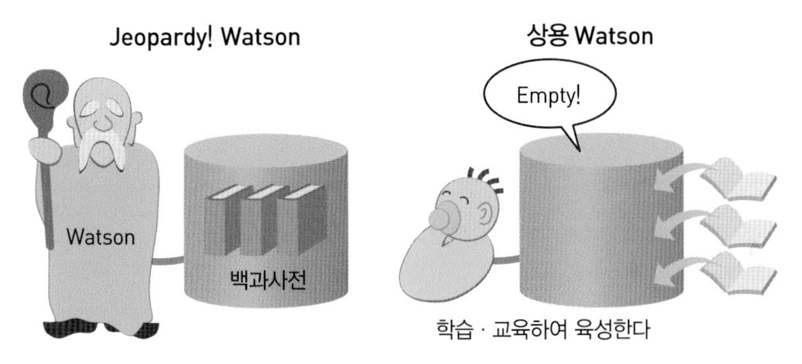

그림 4.10 퀴즈 왕과 대결한 Watson은 퀴즈용으로 일반지식을 가득 담은 질의응답 시스템이지만, 상용 Watson의 데이터베이스는 비어있다. 용도에 맞게 데이터를 입력하여 학습하고 성장한다.

IBM Watson 5년간 진화의 발자취

2011년 2월	퀴즈프로그램 Jeopardy! 대결
2011년 8월	의료응용 시스템으로 첫 상용화 (9월 WellPoint)
2012년 3월	암 치료를 위한 정보지원
2013년 5월	고객대응 IBM Watson Engagement Advisor 발표
2013년 11월	개발자용 IBM Watson Developers Cloud 발표
2014년 1월	신약개발 IBM Watson Discovery Advisor 발표
2014년 6월	요리 레서피 Chef Watson 발표(Bon Appétit사와 제휴)
2015년 2월	일본어버전 개발 소프트뱅크사와 제휴 발표
2016년 1사분기	일본어버전 발표 소프트뱅크와 일본IBM 일본어버전 발표

그림 4.11 IBM Watson 5년간의 발자취.

Watson이 가진 특징 중 하나는 대답에 '자신감 정도'를 붙여서 표시할 수 있다는 것이다. 또한, 한 가지 답만이 아니라 여러 답을 자신감 정도에 따라 순위를 붙여서 제시할 수 있다.

(질문) 붉고 광택이 있으며 단맛이 나는 채소는?

【Watson의 답 예시】

1. 토마토 (자신감 80%)

2. 사탕무 (자신감 60%)

3. 붉은 파프리카 (자신감 50%)

4. 붉은 피망 (자신감 48%)

5. 당근 (자신감 15%)

Watson은 여러 대답에 순위를 매겨서 답할 수 있다.
※이해를 돕기 위해 든 예다. 실제 Watson이 이렇게 답하는 것은 아니다.

또한, '당뇨병이라 진단받은 적이 있는가?', '친척의 병력은?'과 같은 Watson의 질문에 답을 더해주면, Watson 스스로 다른 병일 가능성을 찾아내거나 이런 정보를 바탕으로 정확한 진단결과를 내도록 학습시켰다.

'이런 제휴 프로젝트를 몇 개 수행하는 동안, 기업이 Watson을 활용할 수 있는 패턴이 보이기 시작했다. 그래서 먼저 미국에서는 IBM Watson Engagement Advisor를 공개했다. 고객대응, 인간과의 인터랙션이 발생하는 거래, 질문에 대해 답하는 원리를 제공하는 Q&A, 질의응답 시스템 솔루션이다'.(나카노 씨)

Watson을 활용하는 전형적인 예가 클라우드 시스템에 존재하는 질의응답 시스템이다. 이 시스템을 엔지니어가 이용하기 위해 필요한 소프트웨어가 'API'(Application Programming Interface. 운영체제와 응용프로그램 사이의 통신에 사용되는 언어나 메시지 형식 - 옮긴이 주)다.

API를 제공하기 위해 'IBM Watson Developers Cloud'라는 플랫폼을 개발자용으로 준비하였기에 개발자들은 필요한 기능을 골라서 이용할 수 있다.

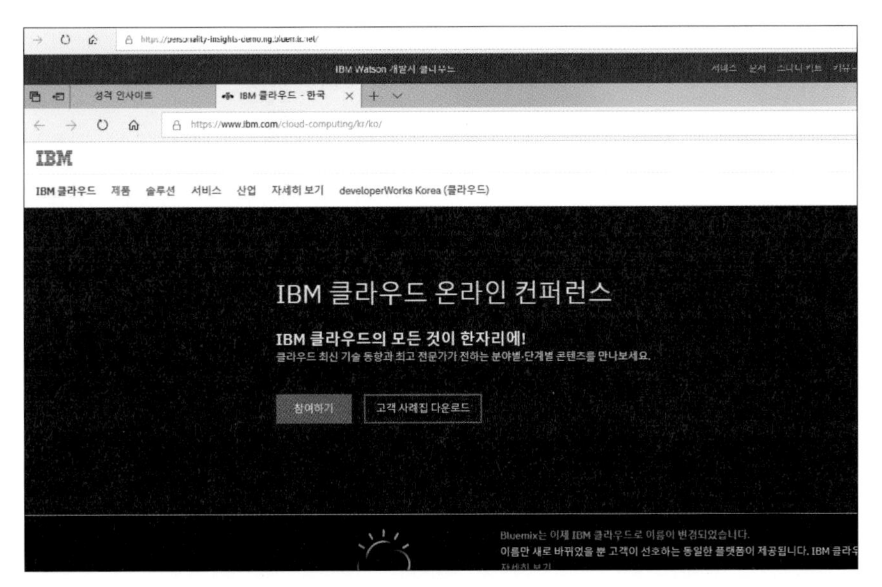

그림 4.12 Cloud에서 개발자는 Watson API를 포함한 다양한 서비스를 활용하거나 기능을 체험해볼 수 있다. https://www.ibm.com/cloud-computing/kr/ko/#

IBM에 의하면 2016년 2월까지 Watson을 이용하기 위한 API는 30종 이상 공개되어 있다. 기술정보와 샘플코드, 시연 등도 제공한다.

개발자는 IBM의 'PaaS(Platform as a Service)'인 'IBM Cloud(클라우드)'라는 개발환경에서 API를 조합하여 코그너티브 응용 프로그램을 손쉽게 개발할 수 있다.

IBM Cloud는 이미 전 세계 8만 명 이상의 개발자가 이용한다고 한다.

Watson은 크게 'Offering', 'Product', 'Application', 'Platform'으로 나눠지며, 각각의 주요한 내용을 일부 소개하겠다.

Offering(오퍼링)

특정 분야에서 사용하도록 설계되고 정의된 프레임워크. 요리용, 자산관리용과 같이 특정용도 전용 응용프로그램을 패키지로 제공한다.

- Watson Engagement Advisor

  앞에서 소개한 질의응답 시스템. 고객대응 분야에서 실용화되었다.

- Watson Discovery Advisor

  새로운 통찰을 발견하는 시스템으로 신약 개발이나 헬스케어에서 실용화되었다.

Product(제품)

예전에 소프트웨어라고 부르던 것과 비슷하다.

- Watson Explorer

  2015년 전반기에 일본의 몇몇 은행이 Watson을 도입했다는 뉴스가 있었는데, 이때 제공된 것이 Watson Explorer다.

- Watson Analytics

  클라우드에 있는 분석 도구로 흔히 'BI 도구'(Business Intelligence tools, 축적

된 방대한 업무 관련 데이터를 분석·가공·추출하는 의사결정 지원 도구)라고 한다. 자연언어로 질문할 수 있는 것이 특징 중 하나이며, 데이터베이스와 연결되어 있다. 예를 들어 매출 데이터와 연결되어 있을 경우에 '지난 달 매출은?'이라고 물어보면 Watson Analytics가 지난 달 매출을 집계하여 답해준다. '지방자치단체별 매출은?', '그리고 전년도와 비교한 것도 알려줘'라고 하면, 지방자치단체별로 전년도와 비교한 자료를 집계하여 답해준다. 자연언어로 주고받을 수 있지만 뒤에서 실제로 동작하는 것은 관계형 데이터베이스(relational database)다.

Application(응용 프로그램)

단어 그대로 응용 프로그램이나 웹 서비스로 제공된다. 요리 레서피를 고안하는 Chef Watson, 암 치료를 지원하는 Watson for Oncology(oncology는 종양학을 의미함-옮긴이 주), 개인 자산운용을 지원하는 Watson Wealth Management 등이 알려져 있다.

Platform(플랫폼)

개발자를 위한 Watson Developer Cloud와 앞서 소개한 IBM의 전반적인 개발 도구를 제공하는 IBM Cloud 안에서 Watson 관련 도구를 제공하는 Watson Zone on Bluemix 등이 있다.

IBM Watson 일본어버전의 6가지 기능

2016년 2월 18일, 일본 IBM과 Watson 일본어버전의 전략적 제휴 파트너인 소프트뱅크는 IBM Watson 일본어버전에서 6종류의 서비스를 제공한다고 발표했다. 이것은 Watson이 6개 기능에서 일본어를 학습하고 이해할 수 있다는 것을 의미한다(한국어에 대응하는 기능은 8가지다).

보도 관계자를 위한 IBM Watson 일본어버전 발표회에서 일본 시장에서 '코그너티브 시스템'이 가져야 하는 3가지 특징인 '자연언어를 이해할 것', '문맥에서 추측할 것', '경험 등을 통해 배울 것'이 소개되었다. 즉, 인간과 대화를 자연스럽게 진행하고 문맥에서 의도를 이해하여 가장 적절한 대답을 할 수 있다는 것으로, 이것은 언제나 학습을 통해 경험을 쌓아서 대화의 정확도를 높여가는 것을 의미한다.

일본어로 제공하는 6가지 서비스

일본어로 제공하는 6가지 Watson 서비스는 인간과 자연스러운 대화가 가능한 '회화(음성)'(2종류)와 질문을 이해하고 가장 적절한 답을 찾아내는 '자연언어처리'(4종류)다.

실제로 Watson은 30종류 이상의 서비스(API)를 영어버전으로 제공하므로, 이번 일본어버전의 6가지 서비스는 첫 주자로서 우선적으로 제공되는 것이다. 각 기능은 다음과 같다.

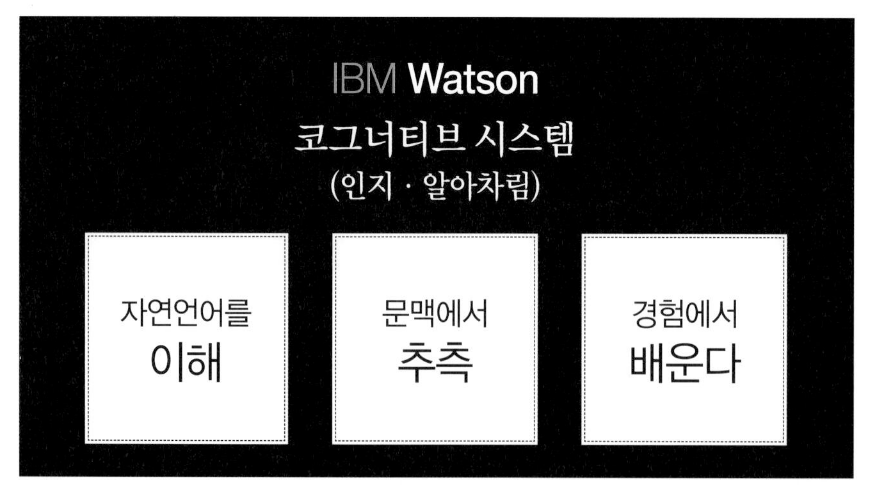

그림 4.13 인간의 대화, 즉 자연언어를 이해하고 문맥에서 추측하여 경험 등에서 배운다. 딥러닝으로 자율학습하는 기술도 적용되어 있다.

【IBM Watson 일본어버전의 6가지 기능과 기술】

[자연언어처리]

일본어를 이해하여 가장 적합한 답을 찾아내는 기술

1. 자연언어분류(Natural Language Classifier)

   인간의 대화(자연언어)에서 의도와 의미를 이해하기 위한 기술

2. 대화(Dialog)

   개인적인 스타일에 맞춰 대화하는 기술

3. 문서변환(Document Conversion)

   PDF와 워드, HTML 등 인간이 읽을 수 있는 형식의 파일을 Watson이 이해할 수 있는 형식으로 변환하는 기술. 또한 자주 사용하는 대화(답변)는 DoC(Document Conversion)로 변환하여 답하는 기술

4. 검색과 순위매기기(Retrieve and Rank)

   방대한 데이터 안에서 가장 적합한 답을 이끌어 내기 위해, 기계 학습을 이용한 검색 기술과 복수 대답에 순위를 매기는 기술

[회화(음성)]

일본어로 대화하기 위해 듣는/말하는 기술

5. 음성인식(Speech to Text)

   인간이 내뱉은 소리를 텍스트로 변환하는 기술

6. 음성합성(Text to Speech)

   인간의 소리를 인공적으로 만들어 내어 말하는 기술

Watson 도입사례(1)–콜 센터

어느 날 고객센터에서 일어난 일이다.

고객이 문의 전화를 걸어와서 상담원이 응답을 시작한다. 고객은 '아이폰

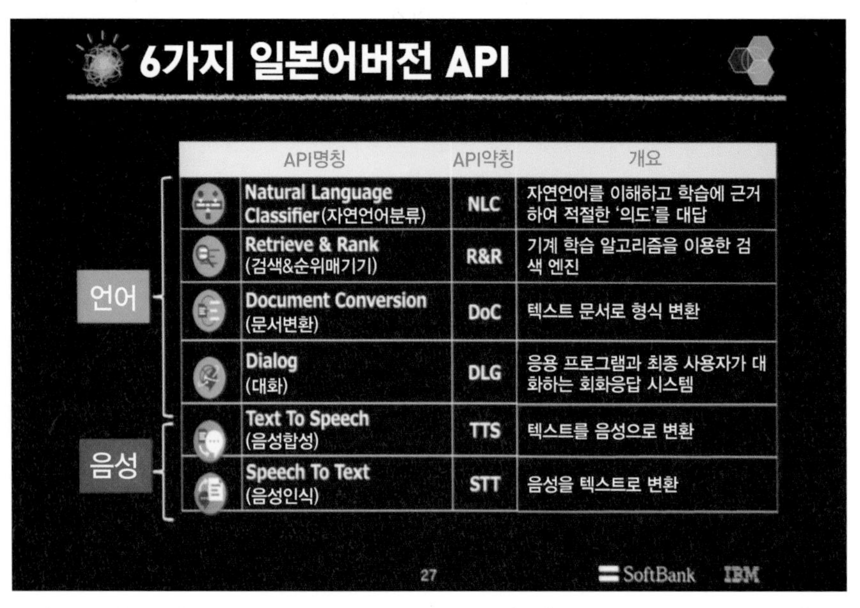

API명칭	API약칭	개요
Natural Language Classifier(자연언어분류)	NLC	자연언어를 이해하고 학습에 근거하여 적절한 '의도'를 대답
Retrieve & Rank (검색&순위매기기)	R&R	기계 학습 알고리즘을 이용한 검색 엔진
Document Conversion (문서변환)	DoC	텍스트 문서로 형식 변환
Dialog (대화)	DLG	응용 프로그램과 최종 사용자가 대화하는 회화응답 시스템
Text To Speech (음성합성)	TTS	텍스트를 음성으로 변환
Speech To Text (음성인식)	STT	음성을 텍스트로 변환

그림 4.14 일본어버전이 제공하는 Watson의 6가지 기능(API). 문자를 이용한 질의응답은 [자연언어처리]를 활용하고, 음성대화라면 [회화(음성)] API를 사용한다.

이 켜지지 않는데……'라고 물어온다.

어떤 고객은 '어, 그, 뭐였지? 안드로이드? 맞다 안드로이드가 열리지 않아'라고 질문한다. 또 어떤 고객은 '스마트폰 비밀번호를 잊어버려서'라고 문의한다.

여기서 예로 든 모든 문의는 결국 스마트폰 조작에 문제가 있어서 홈 화면을 표시할 수 없을 때에 해당하는 내용이다. 증상은 같아도 고객이 물어오는 방식은 천차만별이다. 인간이라면 질문 내용을 이해해서 대처할 수 있겠지만, 기존 컴퓨터라면 거의 동일한 문의 방식에만 대응할 수 있었다.

상담원은 고객에게 '사용하고 계신 기종은 뭐죠?', '전원은 켜져 있나요?'라며 먼저 문제 상황을 파악하기 위해 몇 가지 질문을 던진다. 고객이 대답하면 상담원의 컴퓨터 화면에는 해결책이나 대응책이 될 수 있는 적절한 대답이 차례차례 나타난다. 상담원은 그 내용을 확인하면서 차례로 질문해야 할 것 또는 해결하기 위한 조작방법을 전화로 전달한다.

여기서 상담원의 컴퓨터 화면에 차례로 대답 방법을 보여주는 것이 Watson이다. 고객과 상담원이 나누는 전화 내용을 Watson이 듣고 즉시 처리하여 가장 적절한 대답이나 생각할 수 있는 대응책을 화면에 표시한다. 대답 후보는 여러 개 표시되며, 자신 있는 정도가 높은 순서대로 표시된다.

마치 영화 속에 나오는 장면 같지만, 이미 실용화된 AI기술 중 하나다.

미즈호 은행 콜 센터에서 Watson을 도입

이미 Watson을 도입한 '미즈호 은행' 콜 센터에서는 2015년 2월에 Watson을 도입하기 시작해서 현재는 200석 이상에서 IBM Watson을 활용하고 있다.

은행 업무이므로 고객의 문의는 '계좌 만들기', '금리가 얼마인지', '가까운 지점'과 같은 내용이 많다. Watson은 고객과 상담원의 대화를 듣고 실시간으로 가장 적합한 대답 후보를 상담원의 컴퓨터 화면에 차례로 표시한다. 설령 상담원이 신입 직원이라도 베테랑의 식견을 학습한 Watson이 재빠르게 정확한 대답을 찾을 수 있도록 지원한다. 이 상황은 YouTube(일본IBM 공식채널)에 업로드된 동영상을 통해 널리 공개되고 있다.

동영상에서 미즈호 은행 개인고객 마케팅 추진부 호리 도모히로 씨는 'Watson을 콜 센터에 도입한 초기에는 정답률이 올라가지 않아서 걱정했었다'고 속마음을 털어놓았다. '그래도 상담원이 정답을 끈기 있게 가르치니까 정답률이 높아져서 시스템이 학습한다는 것을 실감했다'고 덧붙였다.

코그너티브와 인공지능은 인간과 마찬가지로 처음부터 뭐든 처리할 수 있는 것이 아니라, 경험과 학습을 통해 처리할 수 있게 된다.

호리 씨는 IBM Watson을 콜 센터에 도입한 큰 효과로 '고객과의 통화시간 단축'과 '상담원 육성기간 단축'을 들었다.

콜 센터를 실시간으로 지원하기 위해 Watson을 도입했다.

예전에는 문의에 대해 상담원이 매뉴얼 책에서 찾아서 대답하는 식으로 대응했다.

Watson은 고객과 상담원의 대화를 듣고 가장 적합한 대답을 화면에 차례로 표시한다.

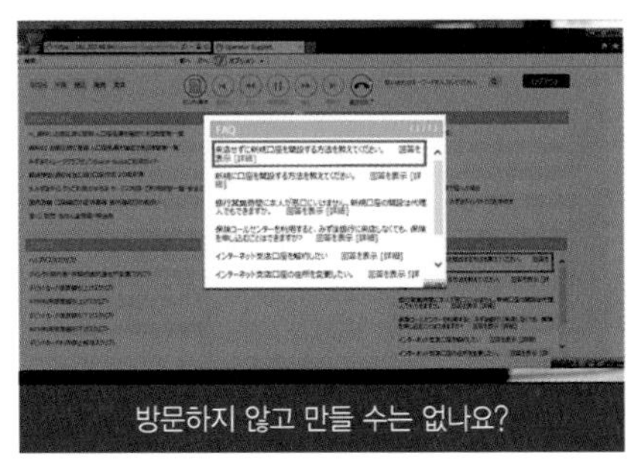

그림 4.15 은행 업무에서 IBM Watson을 활용. ('IBM Watson 미즈호 은행 콜 센터 업무 혁신', YouTube 일본 IBM 공식채널 https://www.youtube.com/watch?v=gEejZEhHLpA)

인공지능과 로봇-은행에서 고객대응

미즈호 은행은 핀테크 사업과 고객대응에 로봇과 AI를 적극적으로 활용할 것이라고 발표했다.

미즈호 은행은 소프트뱅크 로보틱스가 개발한 커뮤니케이션 로봇 'Pepper'(페퍼)를 2015년 7월에 도쿄 중앙지점에 도입한 이후, 2016년 말까지 10개가 넘는 지점에서 활용하고 있다. 페퍼의 주요 역할 3가지는 고객을 모으고, 체감 대기시간을 단축하고, 서비스를 설명하는 것이다. 2016년에 미즈

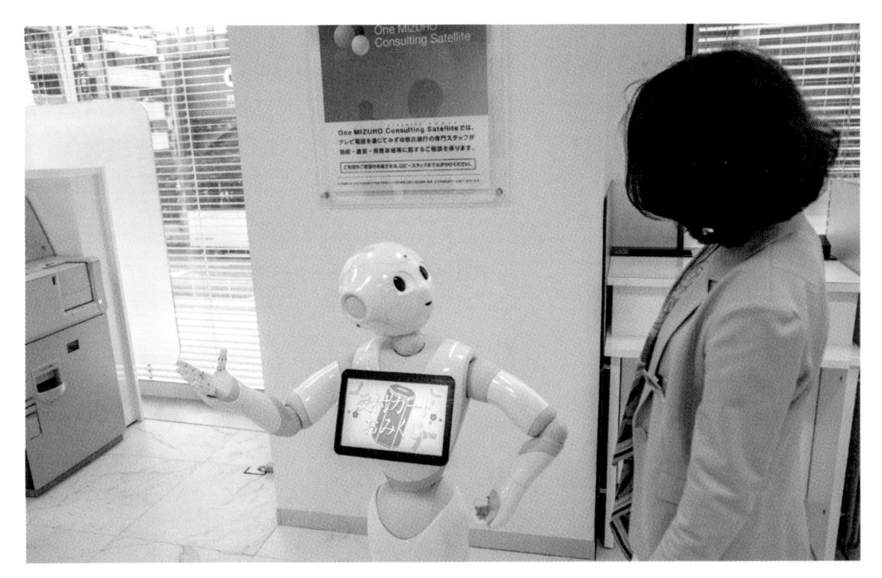

그림 4.16 야에스입구 지점에 배치한 보통 페퍼. 대기하는 동안 퀴즈나 뽑기를 해서 고객을 편하게 하는 것이 주 임무다. 말을 거는 것이 중심이라서 보험 상품을 판매할 수도 있다.

호 은행은 '고객을 모으는 데 있어서 전년대비 7% 증가했고, 대기시간에는 퀴즈나 뽑기로 분위기를 띄웠으며, 보험 상품을 추천하여 10건이 넘는 계약을 성사시켰다'고 발표했다.

이제부터가 본론이다. 미즈호 은행은 핀테크 창구를 설치한 야에스입구 지점을 2016년 5월에 오픈했다. 그리고 기능이 서로 다른 페퍼 2대를 배치했다. 1대는 앞에서 언급한 3가지를 중점적으로 처리하는 보통 페퍼다. 이 페퍼는 스스로 말을 걸고 질문을 던지는 것이 주요 역할이며, 고객의 질문에는 제대로 답을 할 수 없다.

그리고 핀테크 창구에 배치된 다른 1대의 페퍼는 Watson과 연결되었다. Watson의 대화기술을 구사하여 로또 등 '복권'을 안내하는 역할을 맡고 있다. '지금 이월금은 얼마지?'와 같은 최신 정보를 반영한 대화가 가능해졌고, '로또는 어떻게 구입하지?'나 '로또에 당첨되는 비결이 뭐야?'와 같은 질문에 대

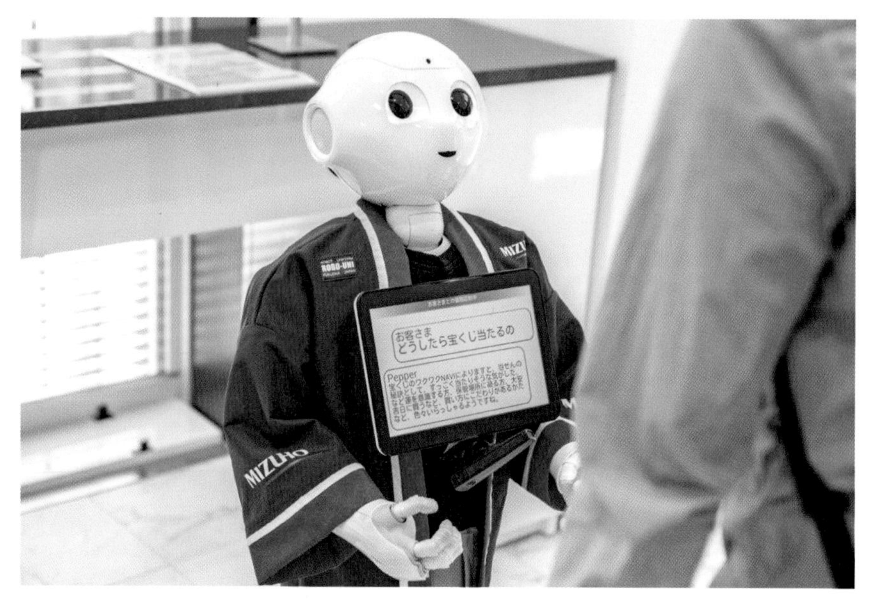

그림 4.17 미즈호 은행 야에스입구 지점 핀테크 창구에 배치된 Watson 연계형 페퍼. 고객의 질문을 상당히 정확하게 이해하고 답한다. 페퍼가 입고 있는 겉옷은 로보유니(주식회사 본유니 후쿠오카)가 개발한 공식 유니폼이다. (http://robo-uni.com/) ※2017년 1월로 배치 종료

해서도 답할 수 있다. 이 대답들도 경험과 함께 정확도가 높아져서 적절한 응답률이 90%가 넘는다고 한다.

게임이나 상품설명 등 페퍼가 말을 거는 것이 중심인 업무에는 페퍼를 단독으로 배치하고, 핀테크 창구처럼 고객의 질문에 정확하게 답해야 하는 업무에는 Watson에 연결된 페퍼를 배치하는 등, 목적에 따라 로봇 기능을 나눠서 배치한 것은 상당히 높게 평가할 수 있다.

고객대응의 미래

미즈호 은행에서는 콜 센터 이외에도 가까운 미래에 Watson과 페퍼를 융합하여 새로운 '고객응대'를 만들어내려는 시도를 하고 있다. 그 이미지 동영상도 공개하고 있다.

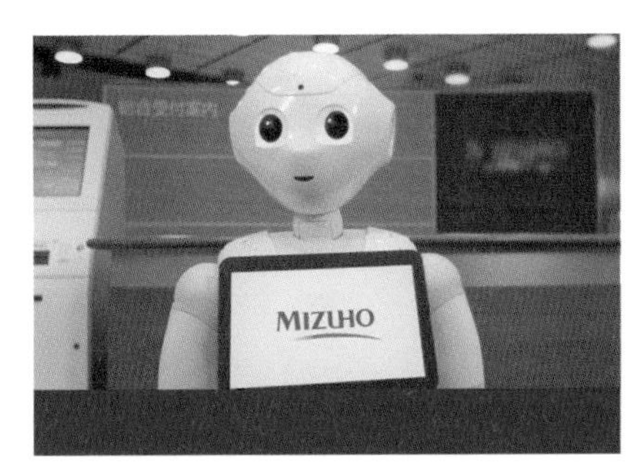

매장을 찾아온 고객을 맞이하는 페퍼.

얼굴 인증으로 고객을 식별한다.

고객을 개별 상담실로 안내한다. 고객과 대화하며 직원에게 알려줘야 하는 내용이 있으면 신속하게 실시간 송신하여 전달한다.

상담할 때는 로봇의 세컨드 오피니언을 참고할 수도 있다. 다음 해에 아이가 태어나는 고객의 상황에 맞는 제안을 한다. 페퍼는 비과세증여를 소개한다. 여기에는 Watson과 같은 코그너티브와 인공지능의 연계가 중요하다.

그림 4.18 Watson과 페퍼의 융합(【IBM Watson 사례】 IBM Watson이 실현하는 미즈호 은행의 새로운 '고객응대'. (YouTube 일본IBM 공식채널 https://youtu.be/X3Vdy-UMXwQ)

그림 4.19 미즈호 파이낸셜그룹 인큐베이션 프로젝트팀 이하라 다다히로 씨. (촬영: 로보스타)

이 시스템 개발에 투입된 미즈호 파이낸셜그룹의 이하라 다다히로 씨의 말을 빌리면, 로봇과 인공지능을 추진하기 위해 미즈호의 여러 부서에서 인재를 뽑아서 '차세대 리테일 PT'를 출범했고, 구체적인 서비스화를 추진하기 위해 '인큐베이션실'이라는 부서를 설치하여 업무를 진행하고 있다.

페퍼를 도입한 지점이 고객을 모으는 비율이 전년대비 평균 약 7% 높아졌다. 고객을 모은 비결이 로봇만은 아니겠지만, 그 효과를 실감할 수는 있다.

Watson과 같은 인공지능과 로봇을 연계하여 자산운용 상담을 받는 것도 머지않아 가능할 것이라고 한다.

Watson 도입사례(2)–영업지원

IBM Watson 일본어버전 시장개척을 위해 일본 IBM과 전략적인 제휴를 맺은 소프트뱅크는 법인영업부문을 위해 Watson과 연계한 대화형 영업지원 시스템 'SoftBank Brain'(소프트뱅크 브레인)을 개발하여 도입하였다.

사용할 때는 법인영업 담당자가 스마트폰을 조작해서 소프트뱅크 브레인과 대화한다.

법인영업부서이므로, 예를 들어 대형 소매기업인 A사에 비즈니스 미팅을 하러 갈 예정인 영업담당자가 '어떤 제안을 하면 좋을까' 고민하는 상황을 생각할 수 있다. 이 상황에서 소프트뱅크 브레인을 어떻게 활용하는지 알아보자.

먼저 스마트폰 앱을 켜서 'A사(시연에서는 실제로 존재하는 기업명을 사용함)에

그림 4.20 소프트뱅크가 법인영업부문을 위해 도입한 'SoftBank Brain'. 스마트폰으로 조작한다. 2017년 3월 기준으로 '소프트뱅크 사원을 찾는다'라는 메뉴(기능)가 추가되었다.

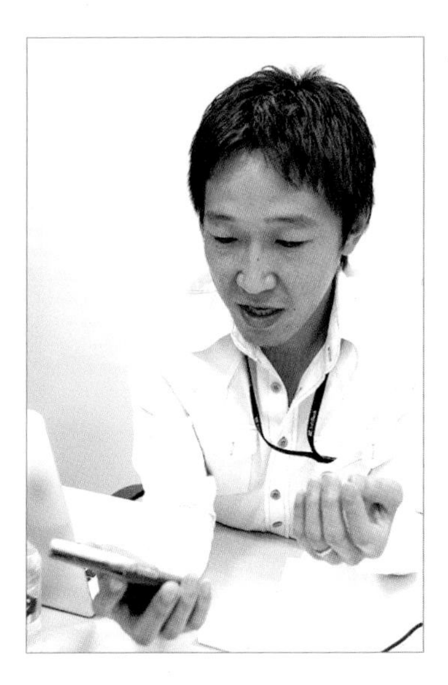

그림 4.21 앱(Watson)은 바로 내용을 이해하고 '슈퍼마켓/편의점 업계의 A회사네요', '상세한 기업분석과 제안 어드바이스 중 어떤 것을 듣고 싶은지 알려주세요' 라고 되물어온다.

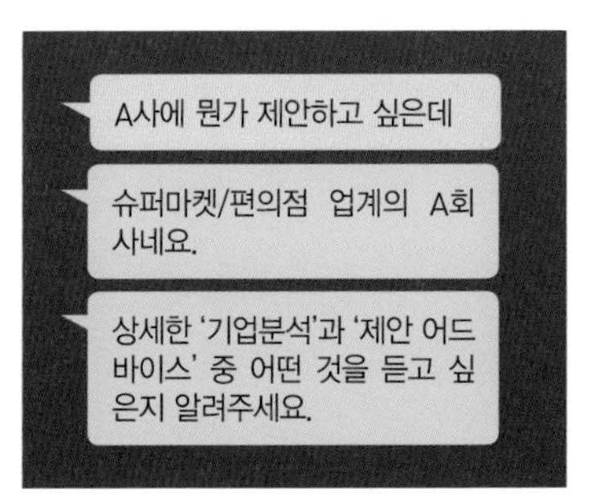

그림 4.22 영업담당자가 '그럼, 기업분석'이라고 대답하면, 앱이 '알겠습니다. 여기 있습니다'라며 순식간에 A회사의 기업분석 레이더 차트를 표시한다.

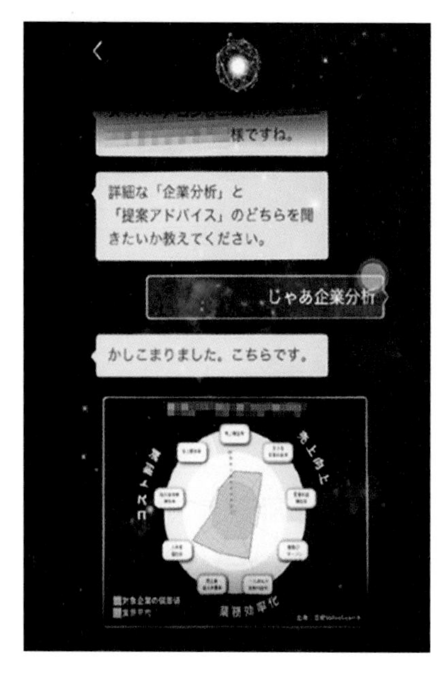

그림 4.23 Watson의 '기업분석'.

그림 4.24 Watson은 지정한 고객에게 추천해야 할 제품을 제안한다. 그 다음에 Watson은 사용자에게 피드백을 요구한다.

뭔가 제안하고 싶은데……'라고 말을 건다. 마치 아는 사람에게 말을 거는 것처럼 자연스런 말투면 된다.

'그럼, 기업분석'이라고 말하면, '그럼'이라는 표현은 노이즈로 이해하고 그 다음에 오는 '기업분석'이라는 말만 유효한 표현으로 이해한다. 그리고 앱은 '제가 분석한 바에 의하면 A사는 비용 삭감에 관심을 가진다는 결과를 얻었습니다. 같은 업종에서 비용을 삭감한 사례로부터 화이트 클라우드 ASPIRE(소프트뱅크의 클라우드 서비스 이름 – 옮긴이 주)를 제안하면 어떨까요?'라며 화이트 클라우드 ASPIRE의 특징과 장점을 설명하는 동영상을 제시한다.

중요한 것은 Watson이 대답한 내용이 적절했는지, 아니면 어울리지 않은 것이었는지 사용자가 피드백을 해야 하는 점이다. 이 피드백을 통해 Watson

은 학습하고 더 적절한 대답을 할 수 있도록 자율적으로 수정한다.

소프트뱅크 브레인은 '제안 어드바이스를 듣는다'와 '페퍼에 관해 질문한다'라는 2가지 메뉴가 있으며 모두 Watson과 클라우드를 통해 연계되어 있어서 원활한 대화와 적절한 정보제공을 실현한다.

정확도가 높은 질의응답을 실현하기 위해 중요한 것

소프트뱅크 IBM Watson 사업부문의 다츠타 씨에 따르면, '법인영업부문의 문제점을 찾기 위해 영업담당자 전원에게 설문 조사를 했더니, 비즈니스 미팅 준비를 위한 정보수집에 평균 40분 가까이 걸린다는 사실을 알 수 있었다. 이것을 효율적으로 만들기 위해서 질문을 하면 바로 답을 제시해주는 시스템이 필요하다고 판단했다. 그래서 Watson을 이용한 소프트뱅크 브레인을 개발했다'고 한다.

정확도가 높은 질의응답을 실현하기 위해 중요한 것은 무엇인지 다츠타 씨에게 물어보았다. 그의 대답은 다음과 같다.

"Watson은 방대한 데이터로 기계 학습을 통해 똑똑해집니다. 사람과 자연언어로 대화하며 의도를 파악해서 적절한 대답을 하죠. 하지만 제대로 학습시키기 위해서는 요령이 필요합니다. 실사용 환경과 같은 상황에서 사용자의 생생한 대화를 수집해야 하는 거죠.

이것은 정리된 FAQ를 미리 잘 준비해두는 것과는 의미가 달라요. 업무를 잘 아는 담당자가 잘 정리된 FAQ를 아무리 많이 준비해도, 그것만으로는 대체로 실패하게 됩니다. Watson과 같이 대화에 특화된 기능을 살리기 위한 기계 학습에서는 정리된 질의응답 자료만이 아니라, 현장의 대화, 때로는 이상하게 들릴 정도의 질문이 효과적이기도 합니다.

대화를 주고받는 질의응답 시스템이니까 '페퍼를 완충하면 얼마나 사용할 수 있지?'와 같은 깨끗한 문장은 학습에 그다지 도움이 되지 않아요. 그것보

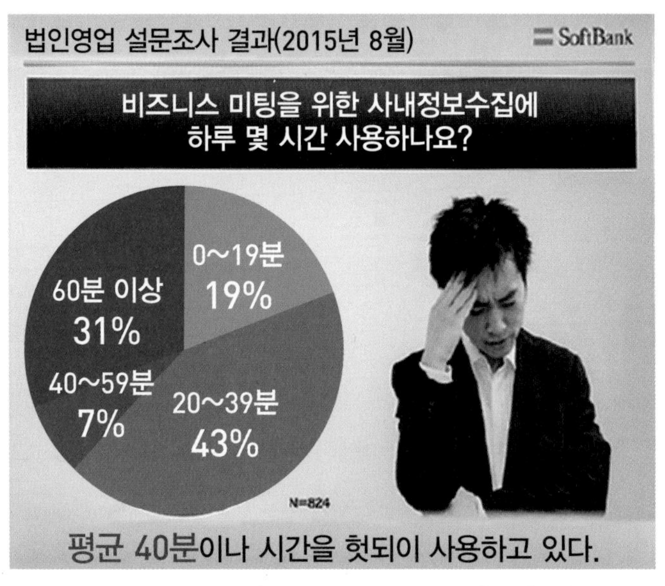

그림 4.25 고객방문을 위한 준비에 평균 40분을 사용한다.

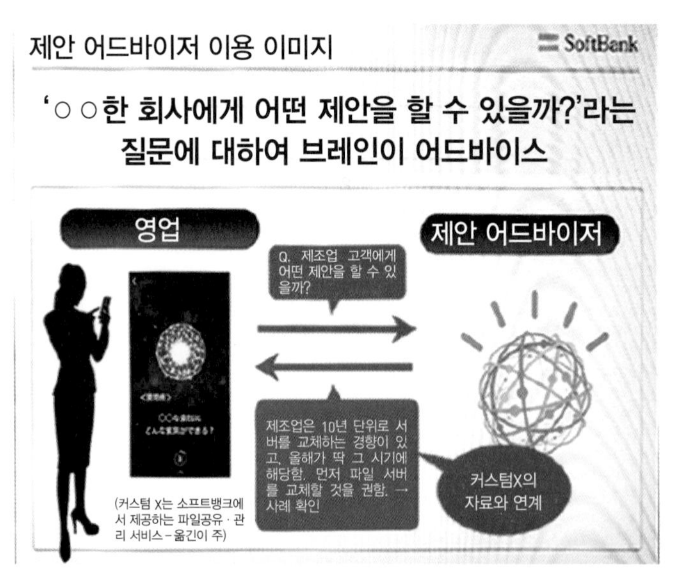

그림 4.26 영업담당자가 '제조업 고객 A사에게 어떤 제안을 할 수 있을까?'라고 물어보면 '제조업은 10년 단위로 서버를 교체하는 경향이 있고, 올해가 딱 그 시기에 해당합니다. 먼저 파일 서버를 교체하는 것을 제안하는 것이 좋고……'라고 소프트뱅크 브레인이 대답한다.

다 '페퍼 배터리 얼마나 버틸까?'라는 질문이 더 중요한 거죠.

대형 은행에서 성공한 사례를 소개하자면, 실제 영업지원에 사용할 때, 사용자는 은행의 영업담당자만이 아니라, 외부 사람일 가능성도 높기 때문에 FAQ에 정리한 깨끗한 질의응답에 일반인이라면 어떤 식으로 질문할지를 추가했습니다. 일반인이 사용하는 질문 표현은 아르바이트 등을 활용하여 수집했어요. 그랬더니 2주 만에 Watson의 정답률이 높아졌죠."

그림 4.27 소프트뱅크 주식회사 법인사업총괄 법인사업전략본부 신규사업전략총괄부 Watson비즈니스추진부 부장 다츠타 마사토 씨.

Watson이 질문에 대답하는 원리(6가지 일본어버전 API)

IBM Watson은 여러 가지로 세분화된 기능을 API로 제공한다. 엔지니어는 필요한 기능을 시스템에 도입하여 Watson과 연계할 수 있다.

IBM Watson 일본어버전에는 그림 4.28에서 볼 수 있듯이 6가지 API가 있다고 설명했지만, 구체적으로는 어떤 원리로 작동하는지 알아보자.

예를 들면, 자연스럽게 대화하는 시스템을 개발하려면 아래와 같은 기능을 사용할 수 있다.

【챗봇처럼 텍스트로 나누는 대화】

LINE이나 페이스북 메신저처럼 문자로 사용자 질문에 자동으로 대응해주는 시스템을 만들고 싶은 기업은 많을 것이라 생각한다.

이 경우에는 다음과 같이 사용한다. 질문에 대답하는 API는 'NLC'(Natural Language Classifier. 자연언어 분류 서비스)와 'DLG'(Dialog. 대화)다.

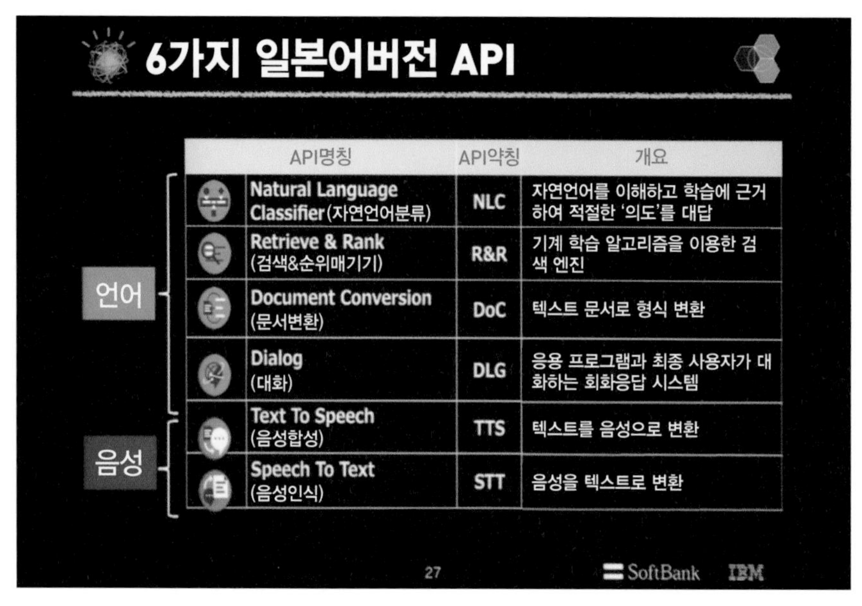

API명칭	API약칭	개요
Natural Language Classifier(자연언어분류)	NLC	자연언어를 이해하고 학습에 근거하여 적절한 '의도'를 대답
Retrieve & Rank (검색&순위매기기)	R&R	기계 학습 알고리즘을 이용한 검색 엔진
Document Conversion (문서변환)	DoC	텍스트 문서로 형식 변환
Dialog (대화)	DLG	응용 프로그램과 최종 사용자가 대화하는 회화응답 시스템
Text To Speech (음성합성)	TTS	텍스트를 음성으로 변환
Speech To Text (음성인식)	STT	음성을 텍스트로 변환

그림 4.28 IBM Watson의 일본어버전 API.

'시부야역에 가까운 매장은 어디지?'라는 질문에 '미야마스자카점입니다'라고 대답할 때 사용하는 API가 'NLC'와 'DLG'다.

실제로는 질문을 분해하여 사용자가 무엇을 알고 싶어 하는지를 '분석'하여 질문에 대해 적절한 대답은 무엇인지 '검색'할 필요가 있다. 이 작업에는 'NLC'와 'R&R'(Retrieve and Rank)을 사용하고, 가장 순위가 높은 대답을 'DoC'(Document Conversion)으로 변환하여 사용자에게 답한다.

텍스트로 소통하는 것이 아니라, 음성으로 소통하는 것은 어떨까? 전화에 자동응답하거나 로봇이 사용자의 질문에 대답하는 경우를 생각해보자.

이 경우, 질문을 받을 때는 사용자의 목소리를 인식해서 문자로 변환하는 기술(STT: Speech to Text), 대답할 때는 Watson의 대답을 음성으로 변환하는 기술(TTS: Text to Speech)이 필요하다.

Watson API를 예로 들어 설명했지만, 다른 AI 챗봇도 기술적으로는 비

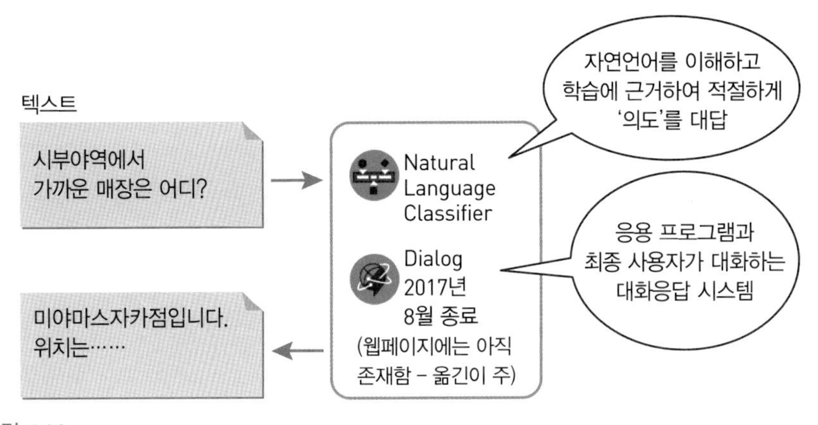

그림 4.29

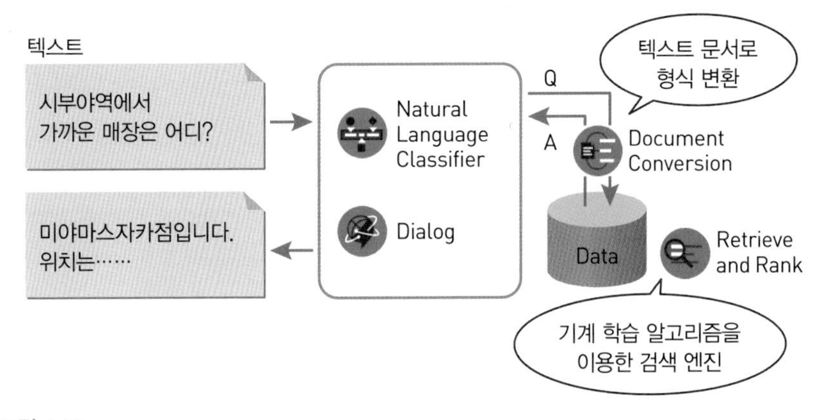

그림 4.30

슷한 기술과 원리를 사용한다. 이 경우, 'Data' 부분에 고객의 질문에 대한 대답이 축적된다.

컴퓨터에게 어려운 부분은 인간은 언제나 같은 표현으로 질문하지 않는다는 점이다. 예컨대, 전자제품 매장의 접수창구에 로봇을 배치한다고 했을 때, 방문객이 말하는 그림 4.32와 같은 질문의 표현방법은 달라도 적절한 대답은 모두 같아야 한다.

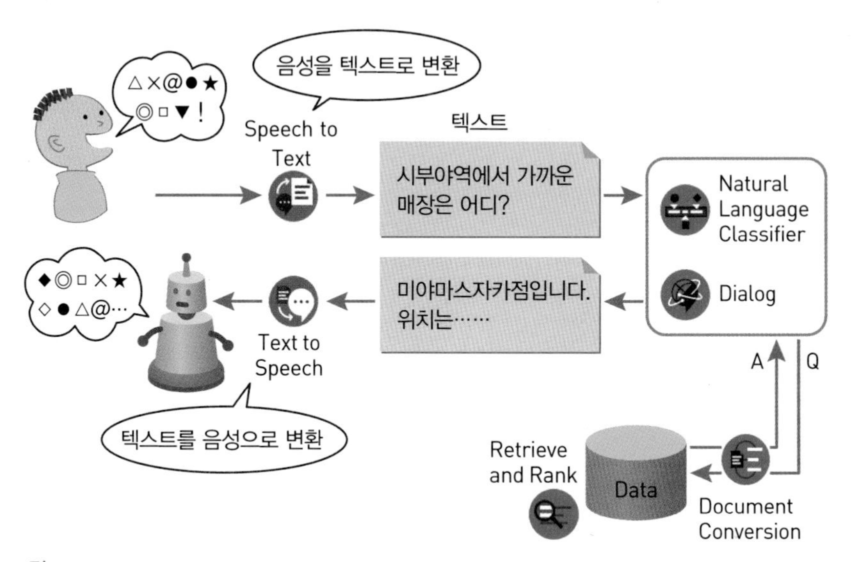

그림 4.31

그림 4.32

Watson과 같은 코그너티브 시스템과 AI 챗봇은 이렇게 질문의 의도를 이해해서 적절한 대답을 찾는 것이 중요하고, 그 방법을 스스로 학습한다. 학습할 때는 앞에서 설명한 기계 학습이나 딥러닝을 사용한다.

IBM Watson 일본어버전 솔루션 패키지

기업이 Watson을 사용하여 시스템을 개발하거나 도입을 검토할 때 가장 신경 쓰는 부분이 비용이다. 또한, 시스템을 개발하거나 제안하는 개발사도 마찬가지다. 2016년 전반기 기준으로 Watson의 학습기간은 반년이고, 비용은 1억 엔을 넘는다는 소문이 있었다. IBM은 전 세계를 무대로 사업을 운영하는 거대기업이므로 이 수준의 규모를 가진 시장에서 사업을 해왔다.

2016년 후반에는 2,000만 엔 정도로도 개발할 수 있다는 뉴스가 나와서 저가버전을 제공한다는 이야기도 있었다. 그렇지만 Watson에는 BlueMix 등을 통해 개발사의 시스템에 API를 적용하여 사용하는 간단한 방법도 마련되어 있다. 게다가 이용료가 무료인 기간도 있기 때문에 개발사로서는 Watson이 시스템에서 활약할 수 있을지를 시험해볼 수도 있다. 그러므로 반드시 수천만 엔이 넘는 개발비가 든다고 할 수는 없다.

그렇다고 해도 비용을 정확하게 파악하기 어렵다는 점은 여전히 지적받고 있다. 이것은 Watson의 요금체계가 데이터 처리량에 따라 정해지는 '종량제'이기 때문이다. 많이 사용하면 그만큼 요금은 비싸지므로, 일정한 예산을 할당해두는 것은 어렵다.

이외에도 과제가 하나 더 있다. 원래 Watson API가 어떤 기능을 가지고 있으며 어떤 서비스나 시스템에 사용할 수 있는지를 일반 기업이나 개발사 입장에서는 알기 어렵다는 점이다.

이 문제를 해결하기 위해 등장한 것이 소프트뱅크가 제공하는 IBM Watson 일본어버전 '솔루션 패키지'다.

소프트뱅크는 일본IBM과 협력하여 일본시장을 개척하고 있다. 이와 관련한 사업 중 하나로 IBM Watson의 에코시스템을 실시한다. 에코시스템 파트너가 되려는 기업이 계약을 맺으면(1년 이용료 180만 엔) 개발과 판매를 지원한다. 에코시스템 파트너에는 Watson을 간단하게 학습시키기 위해 개발한

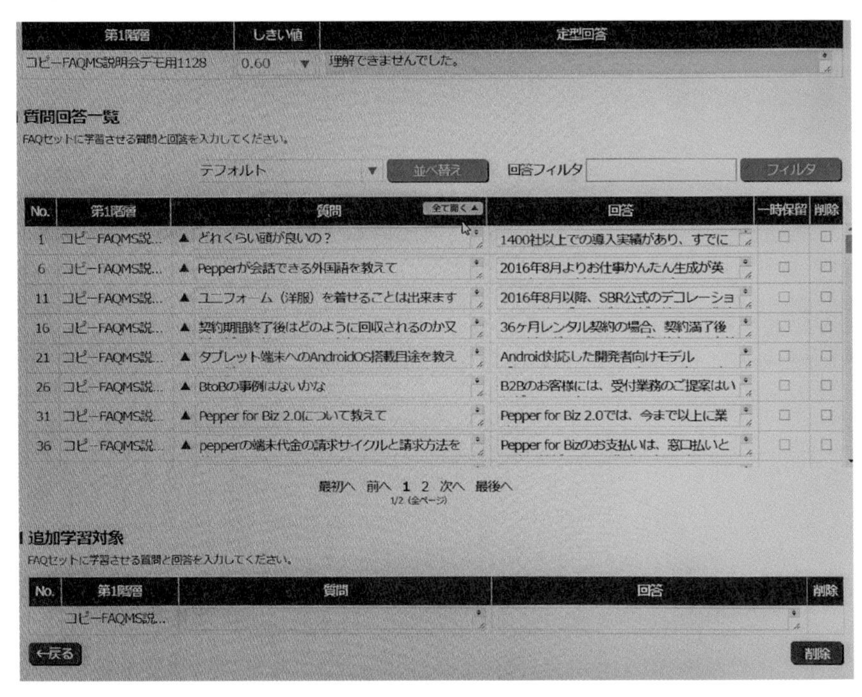

그림 4.33 'FAQ 관리 시스템'의 화면. Watson이 학습하는 바탕 자료가 되는 질의응답을 사용하기 쉬운 UI(User Inteface. 사용자 환경)로 수행할 수 있다.

그림 4.34 소프트뱅크가 개발 파트너와 함께 제공하는 IBM Watson 일본어버전 솔루션 패키지.

'FAQ MANAGEMENT SYSTEM'(FAQ 관리 시스템)을 무상으로 제공한다.

'솔루션 패키지'는 기본적인 개발을 미리 수행하여 어떤 서비스인지를 분명히 하고, 요금도 가능한 한 정확하게 알 수 있게 만들어 Watson 도입을 촉진하기 위한 서비스다. 2017년 2월 기준으로 아래 그림과 같은 기능을 가진 솔루션 패키지를 이용할 수 있다.

- AI 챗봇

서비스 이름	기업명	요금
hitTO(힛토)	제나	시험판 패키지 75만 엔, 정식판 운용 월 50만 엔 등
AI-Q(아이큐)	기무라정보기술	초기비용은 200만 엔부터. 월정액은 24만 엔(ID 400개)부터

- 메일응대지원

서비스 이름	기업명	요금
테크노마크 클라우드+	NTT 데이터 첨단기술	담당자 5명인 경우, 초기등록비용 30만 엔, 월정액 24만 엔

- Watson과 연계한 페퍼를 이용한 접수 · 접객

서비스 이름	기업명	요금
e리셉션 매니저 for Guide	소프트브레인	월정액 6만 5천 엔부터

챗봇을 통해 보는 AI도입 포인트

사외용 챗봇 활용

채팅(chatting)은 여러 사람이 문자를 입력하여 의사소통하는 시스템이다. 스마트폰에서는 LINE이나 페이스북 메신저, 스냅챗, 슬랙, 문자 메시지(SMS) 등이 여기에 해당한다.

챗봇은 채팅과 로봇의 합성어이며, 사람과 사람 사이의 의사소통 수단인

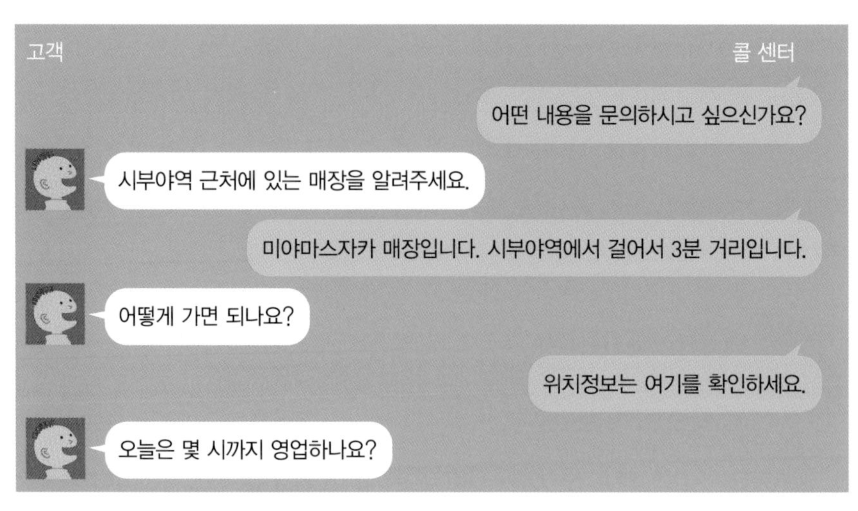

그림 4.35 지금은 사람과 사람이 대화하는 채팅이 중심이지만, 기업은 가능한 한 자동응답 시스템(챗봇)으로 대응하여 효율을 높이고 비용을 줄이려 한다.

채팅 시스템을 이용하여 한쪽이 자동적으로 응답하는 시스템을 의미한다.

기업 콜 센터를 생각해보면, 전화로 대응한다면 고객 한 사람에 대해 반드시 상담원이 한 명 붙어있어야만 한다. 채팅이라면 내용에 따라서는 한 명의 상담원이 여러 고객을 상대하거나 효율적으로 업무를 처리할 수 있는 장점이 있다.

그래서 새로운 과제로 떠오른 것이 문의 내용이 홈페이지의 FAQ에 있을 정도로 흔한 것이라면 자동응답 시스템이 대답하고, 복잡하고 깊이 있는 내용이라면 상담원이 대답하여 고객 만족도는 유지하면서 자동화를 꾀하는 것이다.

사내용 챗봇 활용

사내에서 챗봇을 활용하려는 수요가 있다. 예를 들어서, 사내용 콜 센터를 생각해보자. '사원증을 분실했는데 어떻게 해야 하지?', '유급휴가 신청은 어떻

AI-Q [AI-Q(아이큐)] 개요

어떤 업종이든 도입할 수 있는 'IBM Watson 일본어버전' 첫 솔루션!

'AI-Q'는 사내 여러 문의에 대해 365일
24시간 Watson이 대응하는 AI 사내문의 시스템입니다.

지금까지의 사내 문의는…

[AI-Q]로 바꾸면…

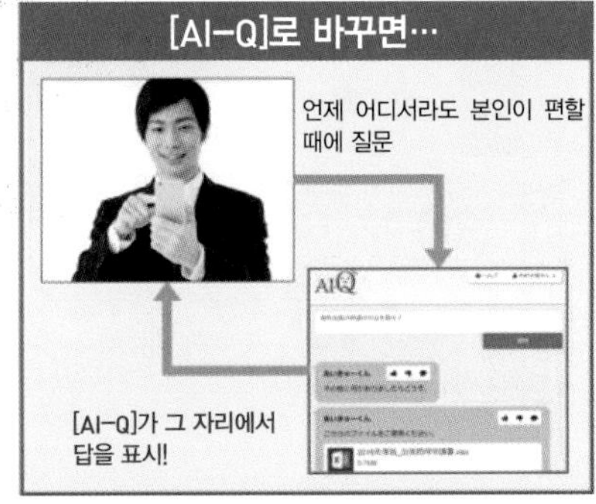

사내 문의에 들어가는 시간과 인건비 등의 비용을 줄일 수 있습니다.

그림 4.36 기무라정보기술의 'AI-Q' 솔루션 소개. 사내에서 비슷한 종류의 질문이나 절차는 상담원이 아니라 챗봇이 대응하도록 하려는 기업이 많아졌다.

게 했더라?'와 같은 사원의 질문에 대응하는 업무를 챗봇을 사용하여 효율적으로 처리하려는 수요가 있다.

AI 챗봇을 제공

소프트뱅크 브레인을 소개할 때 나온 내용이지만, 특정한 고객이나 업종에 대한 영업방법을 묻거나 자료를 찾는 시간을 단축하려는 수요가 있다.

주식회사 제나가 제공하는 'hitTO'는 웹페이지용으로 Q&A시스템을 만들 수 있을 뿐만 아니라, 스마트폰 앱, LINE과 슬랙, 스카이프 등의 기존 통신 도구나 페퍼와 같은 로봇을 사용하여 사내용/사외용으로 AI 챗봇을 개발할 수 있다.

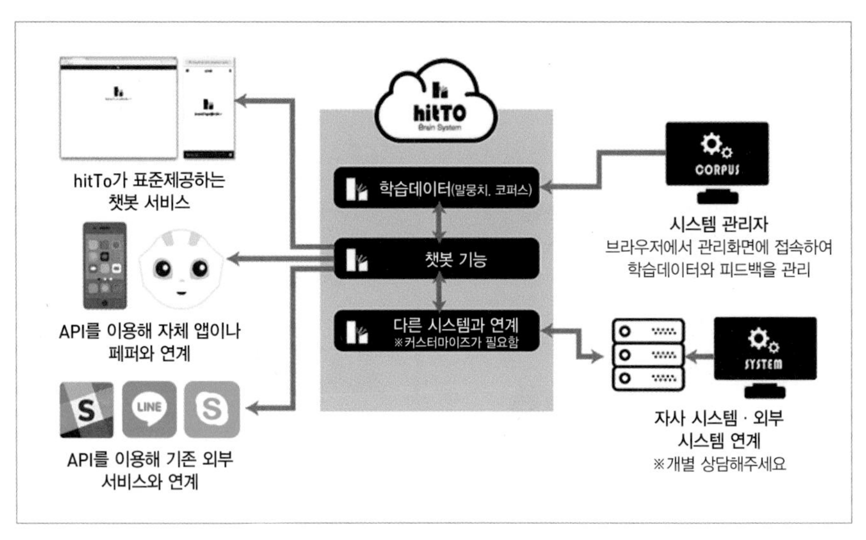

그림 4.37 주식회사 제나가 제공하는 'hitTO'. Watson과 연계해서 챗봇을 고객 기업의 필요에 맞게 구축할 수 있다. LINE이나 스카이프에서도 가능하다.

말뭉치란?

그림 4.37에 있는 '말뭉치'(CORPUS)란 무엇일까? 흔히 말뭉치라고 하면 문자나 발화 내용을 모아서 데이터베이스로 만든 자료다. Watson의 구조에서는 중요한 부분이다. 말뭉치에는 각 업계와 전문용어, 같은 의미를 가지는 다른 표현에 대응하는 회화, 질문과 대답을 축적하여 Watson에게 학습시킨다. 말뭉치는 고객 기업에 맞게 커스터마이즈한다.

예를 들어, 화훼업계와 가구업계의 말뭉치는 서로 다르므로 '하얀 책상 위의 꽃'에 있는 수식 구문에 대해 추론할 때도 영향을 준다. 화훼업계에서는 '하얀'을 꽃에 연결시킬 가능성이 높고, 가구업계에서는 '하얀'을 책상과 연결할 가능성이 크다. 이렇게 말뭉치에 따라 그 무게 중심이 달라진다.

이밖에도 의료업계용, 변호사업계용, 콜 센터용 등 고객에게 맞춘 말뭉치를 클라우드에 설치하여 운용한다. 콜 센터용 말뭉치라도 전부 같은 것이 아니라, A사의 콜 센터용, B사의 콜 센터용 등 각 업계용어, 전문용어, 관례에

① 스마트폰 앱에서 음성으로 질문을 입력한다.

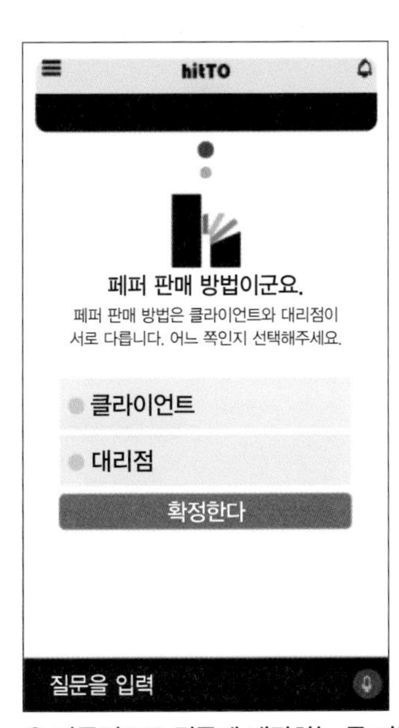

② 자동적으로 질문에 대답하는 등 가장 적절한 대응을 수행한다.

그림 4.38 스마트폰용 앱에 사용된 챗봇의 예(hitTO).

따라 커스터마이즈한 말뭉치가 필요하며, 그 정확도가 Watson의 응답 품질과 직접 영향을 미친다.

피드백을 반영

질의응답 시스템에서는 피드백을 반영하여 대답 정확도를 높이는 것이 중요하다. 피드백은 질문에 대해 AI가 답한 내용이 올바른지 부적절한지를 질문자가 판정하는 것을 의미한다.

웹 등의 질의응답 시스템이나 채팅으로 고객 서비스를 이용한 다음에 '이번 대답은 옳습니까?'라거나 '대응은 적절하였습니까?'와 같은 설문조사를 보는 일이 있을 텐데, 이것도 피드백의 일종이다.

상담원이 인간이든 챗봇이든 질문자가 옳다고 판정한 답은 괜찮은 것, 옳

그림 4.39 hitTO의 피드백 관리 조작화면. 질문자가 판정한 평가를 보고 관리자가 다음 학습에 반영한다. 화면을 보면 'GOOD'으로 판정한 것과 'BAD'로 판정한 것이 있는 것을 확인할 수 있다.

지 않다고 판정한 답은 다른 답을 해야 하는 것으로 이해하게 되므로 다음 학습에 도움이 된다.

챗봇은 피드백 목록을 볼 수 있어서 관리자나 감독자가 피드백을 근거로 AI에게 올바른 대답을 이어준다. 이런 과정을 거치면 다음에는 AI가 더 적절한 답을 제시할 수 있게 될 것이다.

Watson 도입사례(3)-메일응대 지원

'주문하고 싶은데, 구입한 제품을 받은 후에도 반품할 수 있나요?'라는 문의 메일을 고객에게서 받았다. 고객지원 담당자의 컴퓨터 화면에 보이는 답 메일에는 '항상 이용해주셔서 감사합니다. 질문해주셔서 감사합니다.'라는 정해진 머리말과 '앞으로도 잘 부탁드리겠습니다. ××고객센터'라는 맺음말 사이의 본문에 '상품이 도착한 다음이라도 미개봉 · 미사용이라면 반품할 수 있습니다. 다만, 반송에 필요한 배송료에 관해서는~'이라는 문장이 자동으로 삽입되어 있다. 이 본문은 Watson이 제시한 답 메일 후보 1순위 문장이다. 담당자는 전체적인 내용을 확인한 후 바로 송신 버튼을 누르고 다음 문의를 처리한다. 다음 문의에도 Watson이 가장 적절하다고 생각한 답이 본문에 입력되어 있다.

그림 4.40 고객에게 받은 메일에 답하는 본문에는 Watson이 적절하다고 판단한 글이 자동으로 입력된다.

'NTT 데이터 첨단기술'이 제공하는 클라우드 서비스 '테크노마크 메일'은 기업 홈페이지의 '문의 메일 양식'과 '고객지원 센터'에 도착하는 메일에 대한 답을 여러 담당자가 대응하는 기업을 도입 대상으로 하는 시스템이다. 이미 금융 · 제조업 · 지자체 등 분야와 업종을 불문하고 70군데 넘게 도입하여 효율적으로 메일에 대응하고 있다.

이 시스템은 NTT 데이터 첨단기술이 독자적으로 개발한 일본어해석엔진을 사용하는데, IBM Watson 일본어버전과 연계한 버전을 사용하여 사내에서 비교 검증했더니 10% 넘게 정답률이 향상되는 결과를 얻었다.

이런 검증을 거쳐 Watson을 사용해서 답 메일 작성을 지원하는 '테크노마크 클라우드+'가 탄생했다. 이것은 소프트뱅크가 제공하는 IBM Watson 일본어버전 솔루션 패키지 중 하나다.

답 메일의 문장을 Watson이 어드바이스

문의 메일 건수가 증가하면 여러 문제가 발생하여 업무를 번잡하게 만든다. 답 메일 패턴이 늘어나는 것은 물론이고, 경력이 짧은(기술이 부족한) 담당자가 적절하게 대응하지 못해 고객과의 사이에서 문제가 발생하거나, CC(참조)가 늘어나서 메일 건수가 눈덩이처럼 불어나거나, 누가 답장을 해야 하는 담당자인지 명확하지 않아서 답 메일을 하지 않는 사태가 발생하는 등, 많은 문제의 불씨가 된다.

그렇다면 Watson은 어떻게 이 작업을 지원할까?

자동차 보험의 고객지원 창구를 예로 들면, '타이어가 펑크났다', '차량의 공기가 빠졌다', '바퀴가 납작해졌다', '터졌다'와 같이 고객이 질문하는 방법과 표현은 다양하다. 앞에서 소개한대로 Watson은 다양한 표현이 같은 내용이라는 것을 이해하여 적절한 답을 하는 능력이 뛰어나다.

Watson이 적절하다고 판단한 답을 담당자의 컴퓨터에 표시하면, 담당자

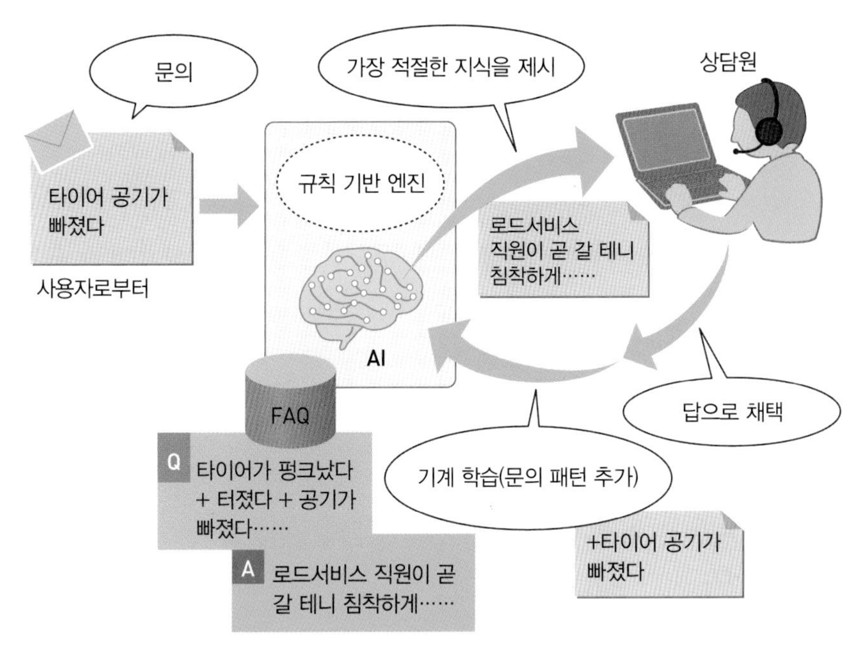

그림 4.41 테크노마크 클라우드+ '인공지능을 이용한 상담원 지원'. ('NTT 데이터 첨단기술'의 자료를 바탕으로 작성)

가 그 내용을 확인하고 본인도 동의할 경우 간단한 조작으로 답 메일을 송신하여 회답 업무를 처리할 수 있다.

경험이 부족한 담당자에게는 든든한 지원군이라 할 수 있다. '테크노마크

● 표 4.1 '테크노마크 클라우드+' 요금체계(2017년 1월 기준: 표시가격은 소비세 제외 가격)

사용자수	5사용자 동시접속 패키지	10사용자 동시접속 패키지	15사용자 동시접속 패키지	30사용자 동시접속 패키지	50사용자 동시접속 패키지
초기등록비용	300,000엔	300,000엔	300,000엔	300,000엔	300,000엔
월정액	240,000엔	370,000엔	480,000엔	830,000엔	1,240,000엔
사용자 추가 시 · 초기등록비용	NA	NA	NA	NA	NA
사용자당 월정액	48,000엔	37,000엔	32,000엔	27,700엔	24,800엔

클라우드+'는 소프트뱅크가 제공하는 솔루션 패키지 중 하나다. 그래서 이용 요금도 알기 쉽다. 요금은 동시 접속 사용자 수에 따라 달라진다. 고객센터에 비유하면 창구 개수라고 할 수 있는데, '동시 접속 사용자'는 동시에 대응할 수 있는 담당자수를 의미한다. 창구 개수가 10개라고 해도 동시에 테크노마크 메일에 접속한 사용자가 5명이라면 '5명 분'의 라이선스로 사용할 수 있다는 이야기다. 동시에 대응하는 담당자가 5명이라면, 초기등록비용이 30만 엔, 월 이용료가 24만 엔이다. 담당자 한 명당 매월 4만 8천 엔이라는 계산이 나온다(소비세 미포함).

트위터와 메일을 통해 성격이나 감정, 문장의 톤을 분석

'컴퓨터가 인간의 기분을 알 수는 없다'

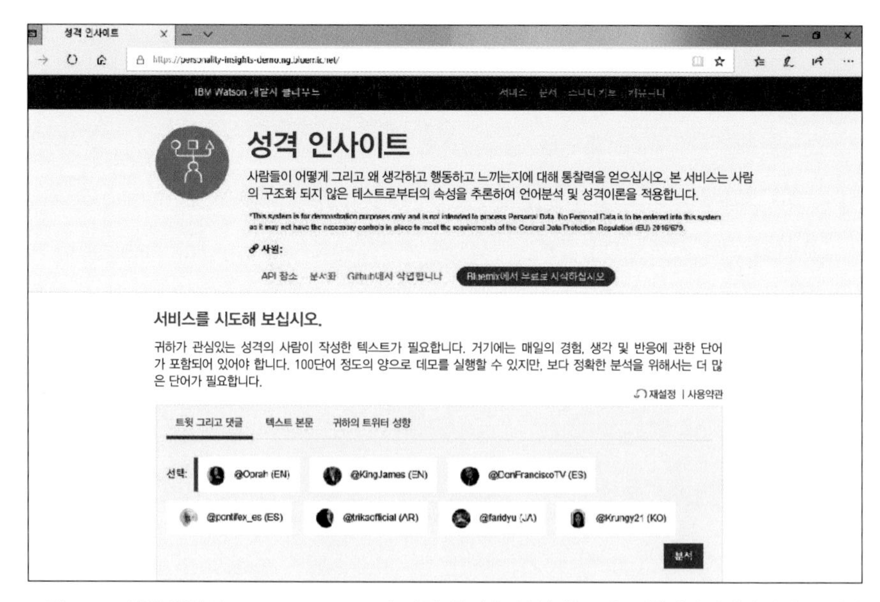

그림 4.42 성격 인사이트. IBM Watson이 사람 특징을 분석하는 데모 웹페이지. '귀하의 트위터 성향'을 클릭하면 본인 트위터 계정을 Watson이 읽고 분석해준다.
https://personality-insights-demo.ng.bluemix.net

이런 말은 이제 더 이상 통하지 않을지도 모르겠다. 빅데이터로 학습한 인공지능이 뭐든지 분류 · 분석 · 예측해버리는 시대가 된 지금, 인간의 기분이나 감정, 성격도 분석할 수 있다. 물론 인간 성격분석에 정답은 없기 때문에 맞는지 여부는 다른 이야기다.

서론이 길었지만, Watson의 기능에는 질의응답만 있는 것이 아니다. 예전부터 인간 성격을 분석하는 기능이 있어서 일본어 대응도 진행되고 있다.

영어판에서는 예전부터 사용하고 있는 'Personality Insights'(성격 인사이트)가 바로 그 기능이다. (2018년 2월 시점에서 '성격 인사이트'는 한글버전도 이용할 수 있다 – 옮긴이 주)

트위터를 통해 성격을 분석한다

'Personality Insights'는 언어학적 분석과 성격 이론을 응용하여 텍스트 데이터로부터 필자의 특징을 추측하는 도구다. 간단하게 말하자면, 텍스트나 트위터 계정을 입력하기만 해도 그 사람의 특징(성격과 사고방식 등)을 어느 정도 분석할 수 있는 기능이다.

Personality Insights는 'IBM Watson Developer Cloud'에 공개되어 있으며, 한국어버전 데모도 준비되어 있다. 유명인의 트위터를 근거로 한 분석 내용을 데모로 제공한다. 클릭하면 Watson이 수행한 특징 분석 결과를 확인할 수 있다.

독자 여러분의 트위터로도 특징 분석을 해주므로, Watson에게 분석을 부탁해도 재미있을 것이다.

문장 톤을 해석하는 'Tone Analyzer'

전자메일이나 문장 파일, 블로그, 코멘트 등 다양한 문장을 읽어 들여서 문장 톤을 해석하는 도구가 'Tone Analyzer'다. 이 서비스도 IBM Watson

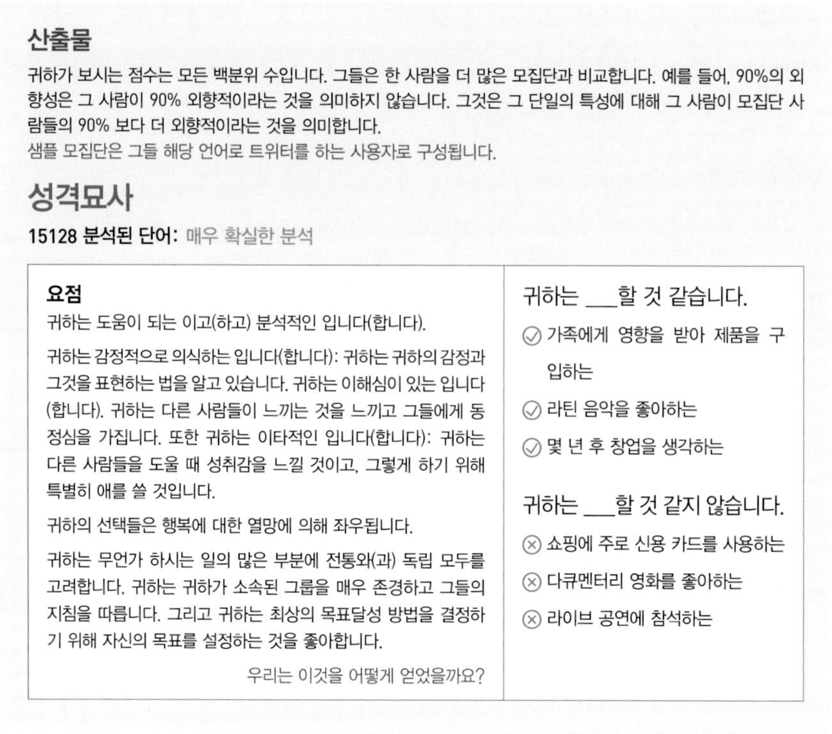

산출물

귀하가 보시는 점수는 모든 백분위 수입니다. 그들은 한 사람을 더 많은 모집단과 비교합니다. 예를 들어, 90%의 외향성은 그 사람이 90% 외향적이라는 것을 의미하지 않습니다. 그것은 그 단일의 특성에 대해 그 사람이 모집단 사람들의 90% 보다 더 외향적이라는 것을 의미합니다.
샘플 모집단은 그들 해당 언어로 트위터를 하는 사용자로 구성됩니다.

성격묘사

15128 분석된 단어: 매우 확실한 분석

요점

귀하는 도움이 되는 이고(하고) 분석적인 입니다(합니다).

귀하는 감정적으로 의식하는 입니다(합니다): 귀하는 귀하의 감정과 그것을 표현하는 법을 알고 있습니다. 귀하는 이해심이 있는 입니다(합니다). 귀하는 다른 사람들이 느끼는 것을 느끼고 그들에게 동정심을 가집니다. 또한 귀하는 이타적인 입니다(합니다): 귀하는 다른 사람들을 도울 때 성취감을 느낄 것이고, 그렇게 하기 위해 특별히 애를 쓸 것입니다.

귀하의 선택들은 행복에 대한 열망에 의해 좌우됩니다.

귀하는 무언가 하시는 일의 많은 부분에 전통와(과) 독립 모두를 고려합니다. 귀하는 귀하가 소속된 그룹을 매우 존경하고 그들의 지침을 따릅니다. 그리고 귀하는 최상의 목표달성 방법을 결정하기 위해 자신의 목표를 설정하는 것을 좋아합니다.

우리는 이것을 어떻게 얻었을까요?

귀하는 ___할 것 같습니다.

- ✓ 가족에게 영향을 받아 제품을 구입하는
- ✓ 라틴 음악을 좋아하는
- ✓ 몇 년 후 창업을 생각하는

귀하는 ___할 것 같지 않습니다.

- ⊗ 쇼핑에 주로 신용 카드를 사용하는
- ⊗ 다큐멘터리 영화를 좋아하는
- ⊗ 라이브 공연에 참석하는

그림 4.43 성격 인사이트로 분석하는 과정이다.

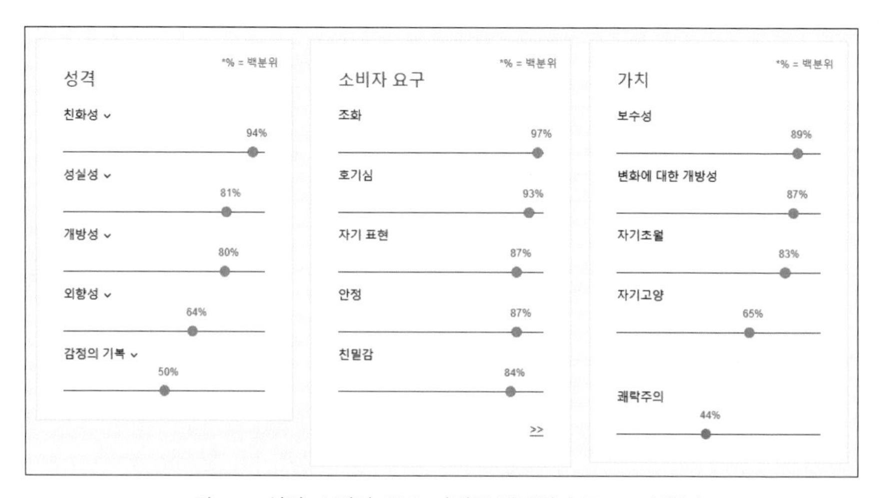

그림 4.44 성격, 소비자 요구, 가치를 백분위 수로도 표시한다.

Developer Cloud에서 이용할 수 있다.

문장 톤은 감정적인 표현, 공격적인 인상을 주는 어구, 사회적인 내용 유무 등을 통해 Watson이 분석한다.

'데모' 중 하나인 'Email message'에서는 프로젝트 팀 관리자(상사)가 팀원(부하)에게 보낸 전자메일 내용을 샘플로 제시한다. '매출 상황이 좋지 않은 것을 경기가 나쁜 탓으로 할 수는 없다'라고 하는 약간 엄격한 내용의 메일이다.

(인용)

Hi Team,

The times are difficult! Our sales have been disappointing for the past three quarters for our data analytics product suite. We have a competitive data analytics product suite in the industry. However, we are not doing a good job at selling it, and this is really frustrating.

We are missing critical sales opportunities. We cannot blame the economy for our lack of execution. Our clients are hungry for analytical tools to improve their business outcomes. In fact, it is in times such as this, our clients want to get the insights they need to turn their businesses around. It is disheartening to see that we are failing at closing deals, in such a hungry market. Let's buckle up and execute.

Jennifer Baker

Sales Leader, North-East region

이 내용을 Watson이 해석해서, Anger(분노), Disgust(혐오), Fear(두려움), Cheerfulness(활기), Negative(부정적), Agreeableness(좋은 느낌), Conscientiousness(성실성), Openness(개방성) 등으로 분석하여 표시한다. 어떤 단어와 어떤 표현을 통해 Watson이 판단했는지도 보여준다.

앞에서 인터뷰했던 일본 IBM의 나카노 씨의 말에 따르면, Watson이 가

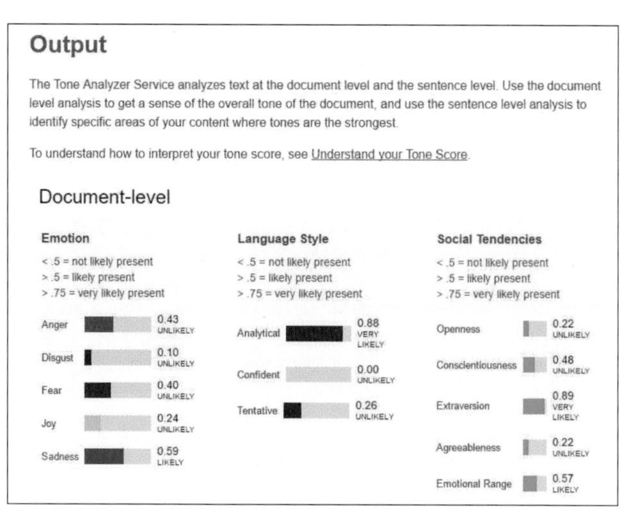

그림 4.45 전자메일 해석 결과.

진 특징 중 하나는 질문에 대해 답할 때, 그 근거를 보여줄 수 있다는 것이다. '성격 인사이트'와 'Tone Analyzer'에서는 Watson이 자연언어 내용을 이해할 뿐만 아니라, 왜 이런 답이 나왔는지 답의 근거를 보여준다. 데모를 통해서도 이런 내용을 확인할 수 있다.

자연언어 해석의 어려운 점은 일본어는 고도의 형태소 해석을 필요로 한다는 것이지만, 자연언어는 '여기', '그것', '저것'과 같은 표현이 많고, 수식어구가 어느 부분과 관계있는지 알기도 쉽지 않다. 한 문장만으로는 이해하기 어렵지만, 인간은 전후 이야기와 문장 흐름을 통해 이해한다. Watson도 마찬가지로 흐름을 해석해서 이해하거나 추론할 수 있다.

감정도 기계 학습을 통해 이해하고, 경향을 분석할 수 있게 되었다. AI기술이 활약하는 분야가 크게 넓어질 것 같은 기분이 든다.

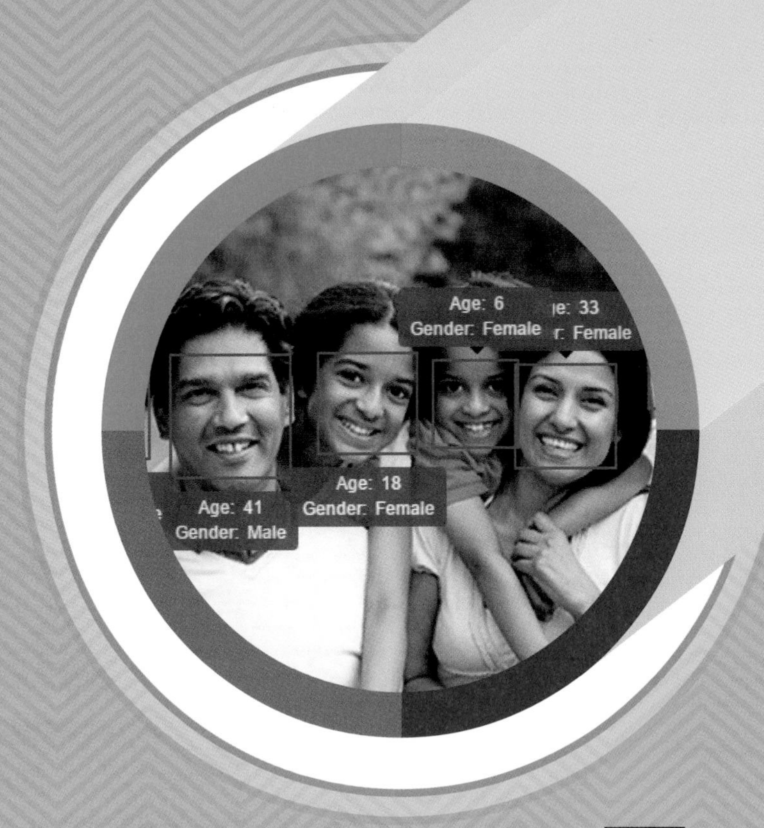

5

최신 AI 컴퓨팅 기술

AI 컴퓨팅에서는 GPU의 활약이 크다.
이처럼 GPU를 기반으로 AI 컴퓨팅 기술은
자동운전, 로봇에도 활용되었으며,
응용서비스가 무궁무진하다.

5 최신 AI 컴퓨팅 기술

마이크로소프트 코그너티브 시스템(Microsoft Azure)

기계 학습을 이용한 코그너티브 서비스로 시장을 선도하고 있는 IBM Watson의 뒤를 마이크로소프트가 빠른 속도로 쫓아가고 있다.

미국 마이크로소프트는 앞에서 소개한 것처럼 ImageNet 국제대회에서 딥러닝을 사용한 화상인식 시스템 'ResNet'으로 Google 팀을 이기고 우승했다. 또한, '음성인식률'도 인간보다 우수한 수치를 기록했다고 발표하는 등, AI 관련 기술에서 두각을 나타내고 있다.

제품으로는 Microsoft Azure라고 하는 클라우드 서비스를 발표하여, 개발자가 선호하는 도구(API와 웹 응용 프로그램)와 라이브러리, 프레임워크로 시스템을 개발할 수 있는 환경을 갖추었다. 그리고 Watson의 대항마라고도 할 수 있는 'Microsoft Azure Cognitive Services'를 공개해서 Watson과 마찬가지로 AI 관련 기술을 제공하여 시스템 개발자가 쉽게 이용할 수 있도록 제공한다.

2017년 봄 기준으로 기능면에서 Watson보다 우수하다고는 할 수 없지만, Watson보다 비용이 적게 들기 때문에 시스템 개발자가 AI 관련 기술을 손쉽게 시험해볼 수 있는 환경을 저렴하게 제공하고 있다.

Microsoft Azure Cognitive Services가 제공하는 기능은 다음과 같다.

【언어】

응용 프로그램이 자연언어를 처리하여 감정과 주제를 평가하고 사용자가 원하는 것을 인식하는 방법을 학습할 수 있다.

Language Understanding Intelligent Service

사용자가 입력한 명령을 응용 프로그램이 이해할 수 있게 함

Text Analytics API

감정과 주제를 간단하게 평가해서 사용자가 원하는 것을 이해

Web Language Model API

웹 규모 데이터로 학습한 예측언어 모델을 활용

Bing Spell Check API

응용 프로그램의 철자 오류를 검출하여 수정

Translator Text API

간단한 REST API를 호출하여 자동 텍스트번역을 간단하게 실행

【시각】

얼굴, 이미지, 감정인식 등 스마트한 통찰을 제시하여 콘텐츠를 자동으로 조정하고, 응용 프로그램을 보다 더 개인화 하는 최첨단 화상처리 알고리즘

Face API

사진에 포함된 얼굴 검출, 분석, 그룹 만들기, 태그 붙이기

Emotion API

감정인식을 사용하여 사용자 경험을 개인화함

Computer Vision API

이미지에서 의사결정에 도움을 주는 정보를 검출

Content Moderator

이미지, 텍스트, 동영상을 자동으로 조정

【음성】

응용 프로그램 안에서 음성언어 처리

Bing Speech API

음성을 텍스트로, 텍스트를 음성으로 변환하여 사용자의 의도를 이해

Speaker Recognition API

음성을 사용하여 개인을 식별하고 인증

Translator Speech API

간단한 REST API를 호출하여 실시간 음성번역을 간단하게 실행

Custom Speech Service

각 고객의 대화 스타일, 주변 잡음, 어휘 등 음성인식을 어렵게 만드는 방해에 대응하여 정확도를 올림

【검색】

Bing Search API와 깊이 연계하여 앱이나 웹페이지, 그 밖의 기능을 더 사용하기 쉽게 만든다.

Bing Search API

앱용 웹페이지, 이미지, 동영상, 뉴스 검색 API

Bing Autosuggest API

앱에서 똑똑한 자동제안기능 추가

【지식】

합리적인 추천이나 시맨틱 검색 등을 수행할 수 있게 복잡한 정보와 데이터를 맵핑한다.

Recommendations API

고객이 원하는 상품을 예측하여 추천

Academic Knowledge API

Microsoft Academic Graph의 풍부한 교육 콘텐츠를 이용

(※마이크로소프트 코그너티브 서비스 홈페이지에서 인용)

이미지와 동영상을 해석하는 기술을 구체적으로 체험

마이크로소프트의 'Computer Vision API'와 Google의 'Cloud Vision API'에는 딥러닝을 통해 기계 학습한 화상인식 시스템을 체험할 수 있는 페이지가 있다.

모두 이 기술을 활용하여 교통수단이나 동물 등, 이미지에 나타나는 여러 물체를 검출하고 '라벨'과 '태그'를 붙일 수 있다. 또한, 성인용 콘텐츠나 폭력적인 콘텐츠를 판별해서 제거하거나 표시되지 않게 할 수도 있고, 이미지에 포함된 여러 사람의 얼굴을 검출할 수도 있다.

마이크로소프트의 'Computer Vision API'

아래는 마이크로소프트의 해당 페이지에서 직접 소개하는 예다. 마이크로소프트의 코그너티브 서비스인 'Computer Vision API' 페이지에서는 시스템이 어떻게 이미지와 동영상을 인식하고 해석하는지를 구체적으로 체험할 수 있다.

마이크로소프트 코그너티브 서비스 - Computer Vision API
https://www.microsoft.com/cognitive-services/en-us/computer-vision-api

웹브라우저에서 이 페이지에 접속하면, 먼저 'Analyze an image'라는 항목이 보인다. 이것은 이미지를 해석하여 무엇이 포함되어 있는지, 사람이라면 나이와 성별을 분석하여 표시한다. 또한, 그 결과에 대해 확신하는 정도도 표시한다.

그림 5.1을 보면 샘플로 확인할 수 있는 이미지가 몇 장 준비되어 있으므로, 하나를 선택해서 체험해보자.

초깃값으로 그림 5.1의 B 사진이 선택되어 있다. 이 사진을 해석한 결

그림 5.1 Computer Vision API를 이용한 이미지 분석.

과는 그림 5.1의 C와 같이 'Features'에 표시된다. 이 이미지에서는 'water', 'sport', 'swimming', 'pool' 등이 태그로 검출되었다. 'confidence'가 확신(신뢰)하는 정도를 보여준다. 이미지에 대한 설명(캡션)으로 'a man swimming in a pool of water'(풀장에서 헤엄치고 있는 남자)가 제시되었다. Features 아래에 'faces'가 있으며, 얼굴을 검출했으면 나이와 성별과 같은 데이터를 표시한다. 제시된 예에서는 '35세, 남성'이라는 추정을 그림 5.1의 B에 표시했다.

다른 이미지를 선택해서 시험해볼 수도 있다. 사람이 많이 포함된 사진을 선택하면, 인식한 얼굴과 나이, 성별을 표시한다.

설명은 'a group of people posing for a photo'(사진 촬영을 위해 자세를 취한 사람들)라 해석하였고, 태그로는 'outdoor', 'person', 'posing', 'group', 'crowd'가 적절하다고 감지했다. 그리고 인식한 모든 얼굴을 표시하고, 나이

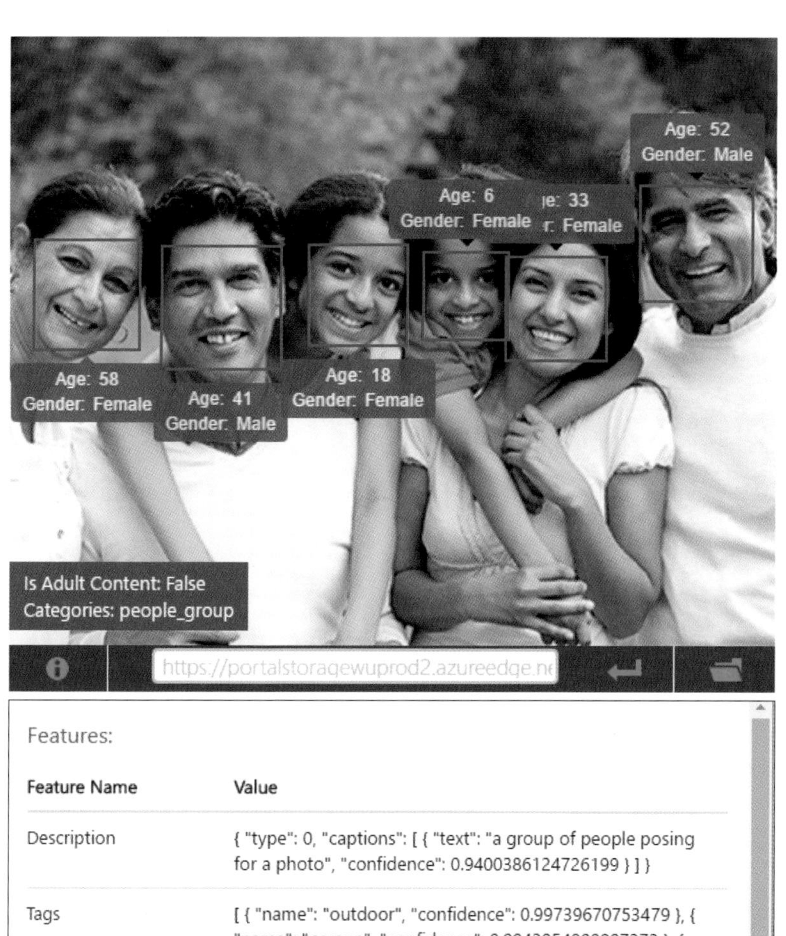

Features:

Feature Name	Value
Description	{ "type": 0, "captions": [{ "text": "a group of people posing for a photo", "confidence": 0.9400386124726199 }] }
Tags	[{ "name": "outdoor", "confidence": 0.99739670753479 }, { "name": "person", "confidence": 0.9943854808807373 }, { "name": "posing", "confidence": 0.9544038772583008 }, { "name": "group", "confidence": 0.7542804479598999 }, { "name": "crowd", "confidence": 0.01921566016972065 }]
Image Format	Jpeg
Image Dimensions	1500 x 1156
Clip Art Type	0 Non-clipart
Line Drawing Type	0 Non-LineDrawing
Black & White Image	False
Is Adult Content	False

그림 5.2 Computer Vision API를 이용한 이미지 분석.

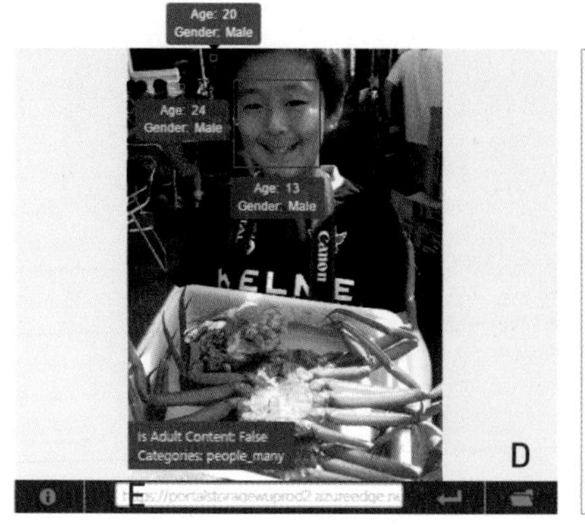

Features:

Feature Name	Value
Description	{ "type": 0, "captions": [{ "text": "a person sitting at a table with a hot dog and fries", "confidence": 0.062340604779954 75 }] }
Tags	[{ "name": "arthropod", "confidence": 0.9986979961395264, "hint": "animal" }, { "name": "crab", "confidence": 0.9977726340293884, "hint": "animal" }, { "name": "invertebrate", "confidence": 0.9896829128265381, "hint": "animal" }, { "name": "person", "confidence": 0.9869322180747986 }, { "name": "animal", "confidence": 0.9683353900909424 }, { "name": "food", "confidence": 0.964238166809082 }, { "name": "fries", "confidence": 0.6365369558334351 }, { "name": "lobster", "confidence": 0.1538877636194229, "hint": "animal" }]
Image Format	Jpeg
Image Dimensions	2448 x 3264

그림 5.3 사용자가 찍은 사진을 업로드하면 Computer Vision API를 이용한 이미지 분석을 체험할 수 있다.

와 성별을 추정했다.

미리 준비된 샘플뿐만 아니라, 임의로 준비한 사진을 해석할 수도 있다.

그림 5.3과 같이 D를 클릭해서 이미지를 지정하면 해석할 수 있다. 또한, E에 URL을 입력하면 해당 웹페이지에 있는 이미지를 지정할 수도 있다. 이번에 선택한 사진은 소년이 게를 많이 가지고 있는 사진이지만, 해석결과를 보면 설명에서 'a person sitting at a table with a hot dog and fries'(핫도그와 튀김이 있는 테이블 앞에 앉은 사람)이라고 제시하고 있다. 아쉽게도 틀렸지만, 태그 항목을 보면 확신 정도는 낮아도 '게', '바닷가재'라고 인식하고 있다. 한편, 사람 얼굴은 제대로 인식했고, 성별은 맞았고 나이도 거의 일치했다. 뒤에 보이는 사람들도 해석하고 있다. 이렇게 화상인식 정확도를 시험해볼 수 있으니까 독자 여러분도 촬영한 여러 사진을 지정해서 코그너티브 서비스의 특징을 체험해볼 수 있다.

이밖에도 이 페이지에서는 동영상에 등장하는 것을 감지해서 실시간으로 표시하는 기능(API)과 문자를 인식해서 텍스트로 변환하는 기능 등, 영상을 통해 해석 · 검출하는 기술도 소개한다.

그림 5.4 왼쪽 동영상에서 인식한 것을 실시간으로 오른쪽 동영상에서 문자로 표시.

그림 5.5 장면이 바뀌면 검출한 내용도 바뀌어 표시.

그림 5.6 거리를 배경으로 한 동영상을 해석.

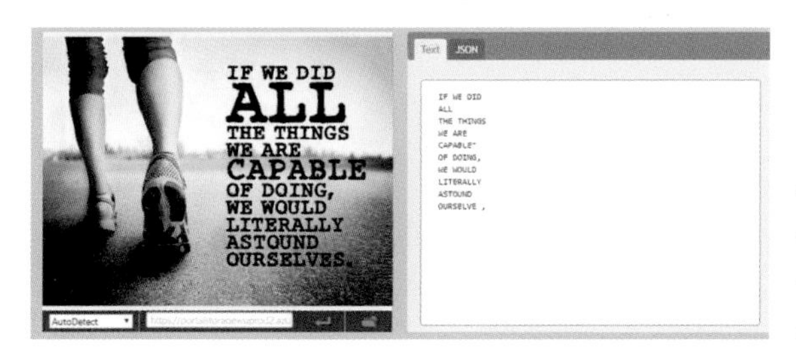

그림 5.7 이미지 안에 있는 문자를 감지하여 텍스트로 변환. 본인의 이미지 파일을 사용해서 시험해볼 수 있다.

Google 'Cloud Vision API'

Google도 이와 비슷한 화상인식과 라벨(태그) 붙이기를 수행하는 API를 공개하고 있다.

이 서비스는 IBM Cloud와 마찬가지로 개발자를 위한 것이다. 클라우드를 통해 이 API를 사용하면, 개발 중인 시스템에 화상인식 기능을 손쉽게 추가할 수 있다.

구글의 Google Cloud Vision API

https://cloud.google.com/vision/

IBM과 마이크로소프트, Google은 이 기술을 시스템 개발자에게 클라우드 서비스의 API로 제공하여 사업을 확장하려 한다. 딥러닝과 뉴럴 네트워크 그 자체를 개발하려면 방대한 비용과 시간이 필요하다. 그리고 이 기술들의 기본 원리를 이해하고 있는 기술자는 전 세계를 통틀어 수백 명밖에 없다고 한다.

하지만 IBM과 마이크로소프트, Google 등이 개발해서 제공하는 API를 이용하면, 시스템 개발자는 자사의 시스템에 뉴럴 네트워크 구조를 빨리 도입할 수 있다. 이런 이유로 뉴스에서 매일같이 AI 관련 기술을 탑재한 시스템이 발표되는 것이다.

이렇게 AI 관련 기술 이용방법을 구체적으로 알게 되면, '인공지능'이라는 표현이 특별히 두려운 존재로서의 컴퓨터가 탄생한 것이 아니라, 이미지나 문자, 음성과 같은 데이터를 인식 · 해석하는 새로운 기술이 대두한 것으로 이해할 수 있으므로, 그 실상을 제대로 볼 수 있을 것이다.

kani_.JPG

selected" hidden="false">

Food	86%
Sense	58%
Seafood	58%
Lobster	51%

이미지에서 정보를 검출

이미지 안에 있는 여러 물체를 간단하게 검출해서 꽃, 동물, 탈 것과 같이 일반적인 이미지에서 널리 발견할 수 있는 방대한 수의 물체 카테고리로 분류할 수 있다. 새로운 콘셉트가 도입될 때마다 정확도가 향상되므로, VISION API의 성능은 시간이 지남에 따라 좋아진다.

그림 5.8 Cloud Vision API의 이미지 인식 데모.

CLOUD VISION API의 특징

Google의 강력한 Cloud Vision API를 사용하여 이미지에서 유용한 정보를 추출

라벨 검출
탈 것과 동물 등 사진에 찍혀 있는 다양한 카테고리의 물체를 감지할 수 있습니다.

부적절한 콘텐츠 검출
성인용 콘텐츠나 폭력적인 콘텐츠 등 이미지에 포함된 부적절한 콘텐츠를 발견할 수 있습니다.

로고 검출
이미지에 포함된 일반 상품 로고를 찾을 수 있습니다.

랜드마크 검출
이미지에 포함된 일반적인 자연의 랜드마크와 인공 건조물을 찾을 수 있습니다.

광학식 문자판독(OCR)
이미지에서 텍스트를 검색, 추출할 수 있습니다. 다양한 언어가 지원되며, 언어의 종류도 자동으로 판별됩니다.

얼굴 검출
이미지에 포함된 여러 인물의 얼굴을 감지할 수 있습니다. 감정이나 모자 착용 등 주요 얼굴의 특성들이 식별됩니다. 그러나 개인 식별 얼굴 인식은 지원하지 않습니다.

이미지 특성
이미지의 도미넌트 컬러 및 자르기 팁 등 이미지의 일반적인 특성을 파악할 수 있습니다.

통합된 REST API
REST API를 통해 액세스할 각 이미지에 주석 유형을 요청할 수 있습니다. 요청에 대응하여 이미지를 업로드할 수도 있고, Google Cloud Storage와 통합할 수도 있습니다.

그림 5.9 Cloud Vision API의 특징과 장점.

딥러닝과 GPU

2017년 1월, 미국 라스베이거스에서 열린 CES2017의 첫 기조강연을 NVIDIA(엔비디아)의 CEO인 젠슨 황 씨가 했다. 황 씨는 2016년 10월, 일본에서 열린 'GTC Japan 2016'이라는 이벤트에서 행사장을 가득 메운 방문객들 앞에서 NVIDIA가 '비주얼 컴퓨팅 회사에서 AI 컴퓨팅 회사로 변혁한다'고 힘주어 선언했다.

딥러닝이 IT업계를 석권하고 있는 와중에 NVIDIA는 눈 깜짝할 사이에 최정상의 자리에 올라 각광을 받고 있다.

왜 NVIDIA가 딥러닝에서 이렇게까지 주목을 받는 것일까? AI 컴퓨팅을 선언하는 기술적 장점은 NVIDIA의 어디에 있는 것일까? 포인트를 알기 쉽게 설명해보자.

NVIDIA는 GPU 분야의 선두주자

개인용 컴퓨터를 직접 조립하는 데 관심을 가진 사람이 아니라면, NVIDIA라는 이름을 의외로 잘 모를 수도 있다. 이 회사는 반도체 제조업체이며, 소

그림 5.10 'GTC Japan 2016' 기조강연에서 임베디드 모듈형 AI슈퍼컴퓨터 'JETSON TX1'을 선보이며 'AI 컴퓨팅 기업으로 변혁'을 선언하는 젠슨 황 CEO.

비자에게 가장 널리 알려진 제품은 그래픽 가속 보드인 'GeForce' 시리즈라 할 수 있다. 시스템 개발자에게는 워크스테이션용인 Quadro, 슈퍼컴퓨터용인 Tesla라는 이름이 익숙할 것이다. 즉, NVIDIA는 그래픽 처리기술에 특화된 기업이다. 'GPU'는 Graphics Processing Unit(그래픽스 처리장치)를 줄인 표현이며, 그래픽 보드에 탑재하는 IC칩을 의미한다.

컴퓨터의 두뇌는 'CPU'(중앙 처리장치. Central Processing Unit을 줄인 표현)로 알려져 있다. 그래픽스를 처리하는 작업은 CPU에 큰 부담이다. 왜냐하면 그래픽스 처리에 필요한 '행렬연산', '병렬연산' 처리는 CPU가 잘하는 분야가 아니기 때문이다. 그래서 그래픽 보드를 증설하면, 거기에 탑재된 GPU가 고속으로 '행렬연산'과 '병렬연산'을 대신 처리해주므로, 분산처리를 통해 컴퓨터 전체의 처리속도를 비약적으로 향상시킬 수 있다.

이런 이유로 3D나 CG를 사용하여 매우 정밀한 이미지를 취급해야 하는 크리에이터나 게임 매니아는 CPU 성능과 함께 고성능 그래픽 보드와 GPU에 신경 써서 컴퓨터를 고르거나 직접 제작한다.

1. 컴퓨터가 수행하는 기본적인 처리는 'CPU'가 맡는다.

2. 3D나 CG, 거대한 그래픽 이미지 등을 다루는 연산처리는 'GPU'에게 맡기면 처리속도가 큰 폭으로 빨라진다.

그림 5.11 CPU와 GPU의 역할.

AI 컴퓨팅에서 GPU가 활약

이제부터는 'AI 컴퓨팅'에 대해 이야기해보자. 인간의 뇌를 흉내 낸 뉴럴 네트워크는 그 자체만으로도 수학 모델 구조가 복잡하다. 거기에 여러 레이어를 만들어서 딥러닝으로 학습시킨다면, 그 연산처리량이 방대해져서 컴퓨터에 커다란 부하가 걸린다. 기계 학습을 위해서는 빅데이터를 읽어 들여야 한다. 즉, 딥러닝 처리를 위해 기존 대형컴퓨터를 사용하더라도 며칠에서 몇 개월까지 시간이 걸릴 수도 있다.

이 작업을 효율적으로 처리할 수 있는 것이 GPU다. 딥러닝에 필요한 방대한 처리 대부분이 '행렬연산' 처리다. 즉, NVIDIA가 그래픽스를 통해 기른 행렬연산 고속처리기술과 같은 것이다. 높은 수준의 그래픽 연산을 위해 개발된 GPU는 딥러닝을 위한 행렬연산처리에서도 마찬가지로 위력을 발휘하여 대략적으로 CPU의 10배가 넘는 고속화가 가능하다고 여겨진다.

CPU의 성능을 나타내기 위해 '코어(core)' 개수를 사용하는 경우가 있다. 듀얼(2개) 코어, 쿼드(4개) 코어와 같은 표현을 본 적이 있을 것이다. GPU는 CPU의 코어에 해당하는 것이 수천 개 단위로 구성되어 있다. 이런 점을 생각하면 CPU와의 구조적 차이, 특화한 성능 향상에 대한 기대를 이해할 수 있다.

GPU에는 확장성(scalability)이라고 하는 또 한 가지 큰 특징이 있다. 그래

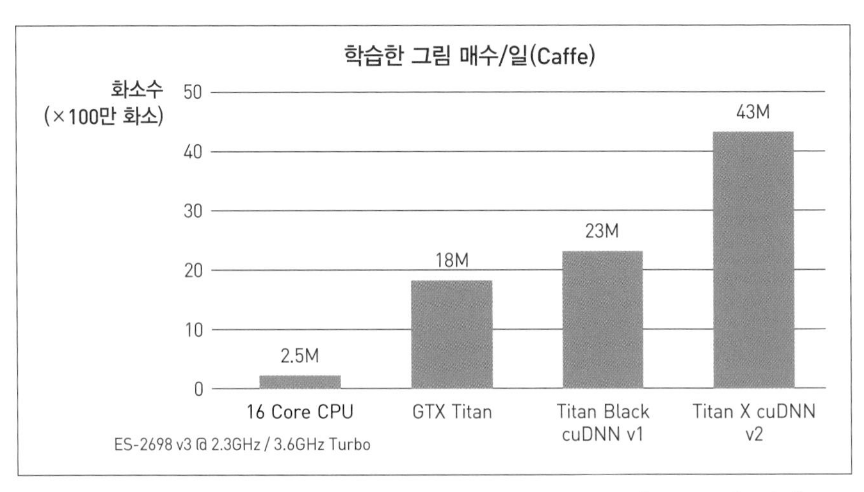

그림 5.12 딥러닝을 통해 하루 종일 학습을 수행한 후의 퍼포먼스 비교표(NVIDIA 자료에서) 16코어 CPU만으로 실시했을 때 250만 장의 이미지를 처리할 수 있었다. GTX Titan이라는 GPU보드를 추가하여 처리시킨 경우, 2.5M에서 18M으로 향상되었고, 고성능 Titan Black을 사용하면 23M, Titan X를 사용하면 43M장을 처리할 수 있다. 10배를 훨씬 넘는 수치를 기록했다.

픽 보드를 1장에서 2장, 2장에서 4장으로 늘려서 GPU를 추가하면 처리속도가 빨라지는 점도 큰 장점이다. 델에서 제조한 고성능 컴퓨터를 활용하여 실험한 결과, GPU가 없을 때의 퍼포먼스 수치는 89이지만, 'NVIDIA Tesla P100 GPU'를 1기 추가하면 이 수치가 468로 상승하고, 2기 추가하면 894, 4기 추가하면 1755로 향상되었다. 이 결과를 보면 Tesla P100 GPU를 추가하면 그만큼 퍼포먼스가 좋아지는 것을 알 수 있다.

기업이 딥러닝을 하는 기계 학습 시스템을 개발하거나 도입할 때, 예전이라면 딥러닝으로 기계 학습을 수행하는 '트레이닝' 연산은 방대한 시간이 걸릴 것을 감안해야만 했다. 또한, 실용화할 수 있는 수준의 속도를 얻으려면 슈퍼컴퓨터급 시스템이 필수라고 생각했지만, 비싼 컴퓨터 센터를 마련할 수 있는 기업은 많지 않았다.

그래서 등장한 것이 GPU컴퓨팅이다. CPU와 비교해서 압도적으로 행렬

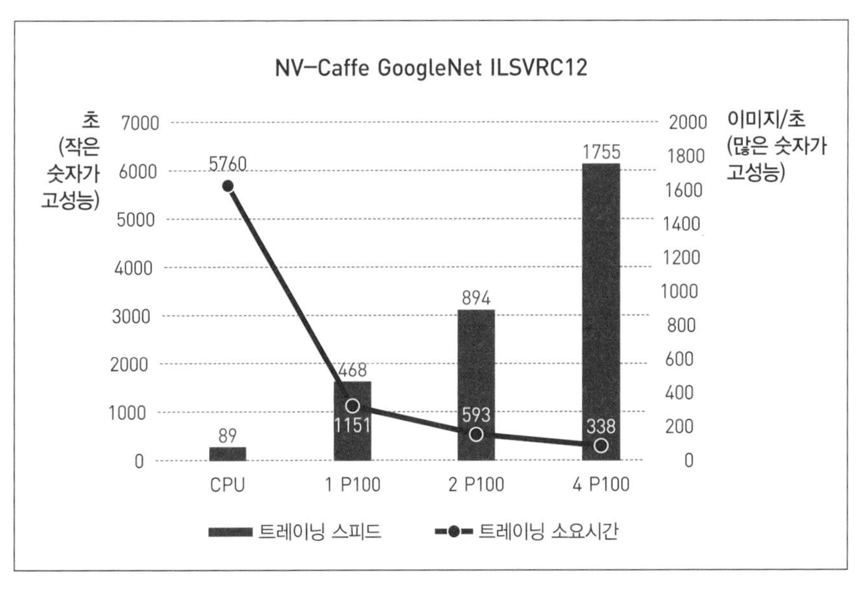

그림 5.13 델이 발표한 딥러닝 퍼포먼스 비교표. 왼쪽부터 CPU만, GPU 1개 추가, GPU 2개 추가, GPU 4기 추가한 경우 계측 결과(자료제공: 델).

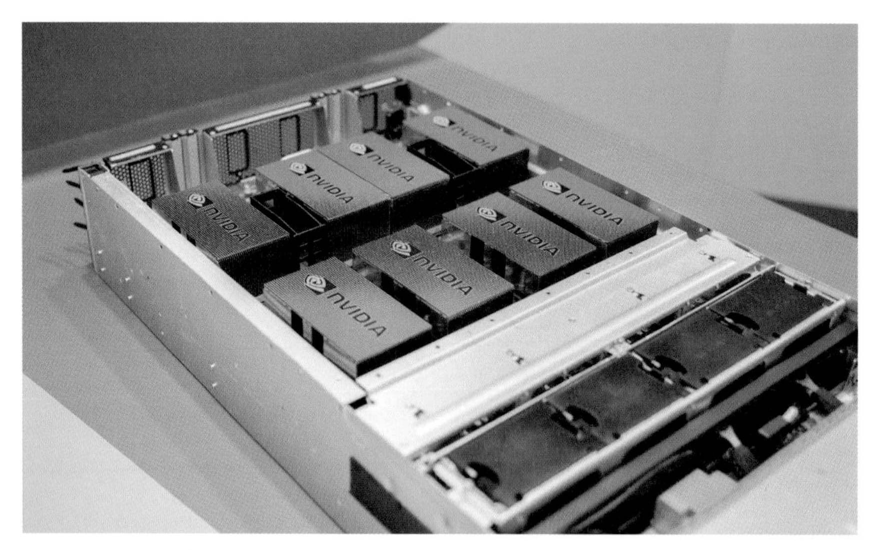

그림 5.14 AI슈퍼컴퓨터 'NVIDIA DGX-1'. 딥러닝과 AI를 활용한 분석을 위해 개발된 세계 최초의 전용 시스템으로 NVIDIA의 발표에 의하면, 기존 서버 250대에 필적하는 퍼포먼스를 발휘한다. NVIDIA의 로고가 보이는 유닛이 여러 개 늘어선 GPU이다.

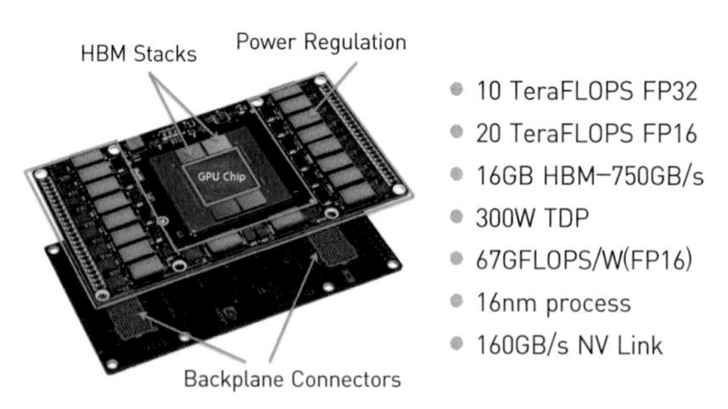

그림 5.15 GPU컴퓨팅 보드 'Pascal GP100' (자료제공: NVIDIA).

연산을 잘하는 GPU를 활용하면 비교적 저렴한 가격으로 고속 딥러닝 처리 시스템을 구축할 수 있게 되었다.

자동운전과 로봇에 활용하는 AI 컴퓨팅

자동운전용 AI보드 'DRIVE PX 2'

딥러닝이나 고속 화상처리기술을 필요로 하는 것은 슈퍼컴퓨터만은 아니다. 이와 관련하여 최근 가장 주목받는 분야는 자동운전이다. 자동운전차량을 실현하려면 여러 가지 높은 수준의 기술이 필요하다. 특히, 카메라를 포함한 센서 기술이다.

자동운전차량은 카메라나 센서에서 얻은 정보를 거의 실시간으로 처리하여 주위 상황을 파악해야 한다. 주위 상황에는 도로 상황, 차선, 주변 자동차, 정차/주차 차량, 보행자, 자전거, 건물, 공사현장 등이 있다. 이런 주위 상황에 관련한 정보 처리를 GPU를 사용하는 AI 컴퓨팅으로 수행하고, 딥러닝 기술로 상황 학습을 시키려 한다. 이것이 바로 NVIDIA의 'DRIVE PX 2 AI 컴퓨팅 플랫폼'이다. DRIVE PX 2는 3단계 버전으로 제공한다. 자동운전용(고속도로 등에서 자동주행), 자동운전사용(특정 장소에서 다른 장소로 자동주행), 그리고 완전 자동조종용이 그 3단계다.

NVIDIA는 이미 미국 캘리포니아를 중심으로 자동운전차량 연구개발과 공도에서 실증실험을 거듭하고 있다. NVIDIA의 발표에 따르면, 이미 주변 상황을 인식해서 자동으로 공도를 주행하는 부분에 관해서는 대체로 양호한 결과를 얻었으며, 앞으로는 실제 도로에서 맵핑과 서버 연계를 통한 시스템 강화를 추진할 것이다.

자동차 제조사도 이 기술에 관심을 보이고 있으며, 메르세데스 벤츠, 볼보, 아우디, 테슬라 등이 NVIDIA와 자동운전차량 개발 연대를 발표했다. 또한, 세계 최초로 싱가포르에서 자동운전 택시를 공도 시험주행한 NuTonomy, 중국의 바이두, 유럽의 무인버스 WEpod와도 협업하여 다양한 도로에서 자동운전을 시도하고, 지자체가 운영하는 교통기관에 'DRIVE PX

플랫폼

자동운전용 DRIVE PX 2

자동운전을 위한 DRIVE PX 2는 소형 폼팩터로 고속도로 자동화주행과 고화질 맵핑 등의 기능을 수행하도록 설계되었다. 2016년 4분기부터 제공되는 플랫폼입니다.

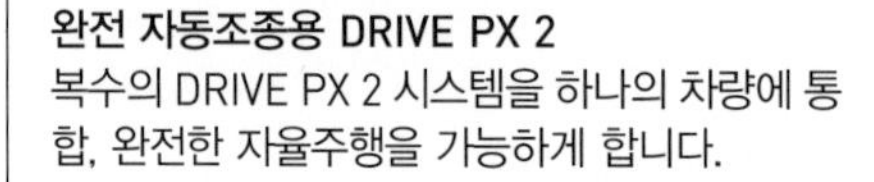

자동운전사용 DRIVE PX 2

2개의 시스템온칩(SoC. System on Chip)과 2개의 개별 GPU로 구성된 DRIVE PX 2로 점대점(P2P) 방식의 주행에 적용할 수 있습니다.

완전 자동조종용 DRIVE PX 2

복수의 DRIVE PX 2 시스템을 하나의 차량에 통합, 완전한 자율주행을 가능하게 합니다.

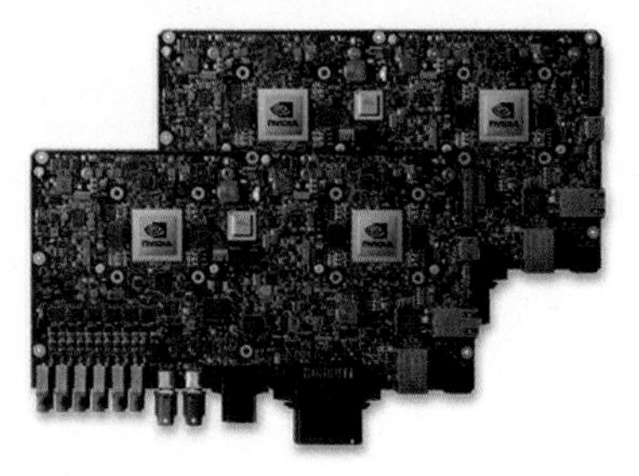

그림 5.16 NVIDIA DRIVE PX 2 AI 컴퓨팅 플랫폼. 개발자가 희망하는 자동운전 규모에 맞춰 자동주행용 DRIVE PX 2 3개를 준비했다(NVIDIA 홈페이지에서).

NVIDIA BB-8 AI CAR

그림 5.17 NVIDIA가 자동운전 훈련과 실증 실험에 사용하는 자동운전차량 'BB-8'.

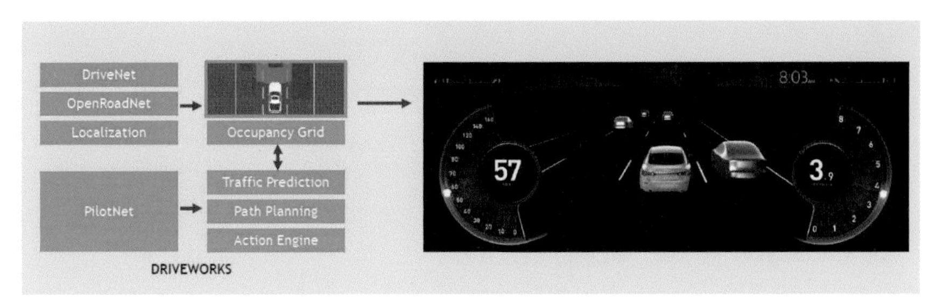

그림 5.18 딥러닝을 통해 지각AI, 로컬라이제이션AI, 드라이브AI를 실현한다. 드라이브넷, 파일럿넷이라 불리는 연계기술로 실현한다.

그림 5.19 자동운전차량이 공사 중 표식을 인식하며 주행하는 영상.

그림 5.20 주위 자동차를 인식하는 영상.

그림 5.21 자동운전차량이 보행자와 앞에서 오는 차를 인식하는 영상. YouTube에서 실제 영상을 확인할 수 있다. ('NVIDIA AI Car Demonstration', NVIDIA-YouTube https://www.youtube.com/watch?v=-96BEoXJMs0)

2'를 도입하려고 한다.

자동운전을 위해서는 지도정보가 중요하므로, 이를 위해 HERE, TomTom, 바이두, 젠린 등과 연대한다고도 발표했다.

임베디드 모듈형 AI보드 'JETSON TX1'

자동차보다 작은 기기에도 자동차처럼 딥러닝이 필요하다. 드론이나 로봇이 좋은 예다. NVIDIA는 신용카드 크기의 AI 컴퓨팅보드 'JETSON TX1'도 공개했다.

'GTC Japan 2016'에서는 로보컵용 축구 로봇, 이동 로봇이 츠쿠바 시내의 산책로를 자율주행하게 만드는 '츠쿠바 챌린지'용 로봇, 카메라를 부착한 드론, 도요타 자동차에서 만든 생활지원 로봇 'HSR', 사이버다인이 만든 자

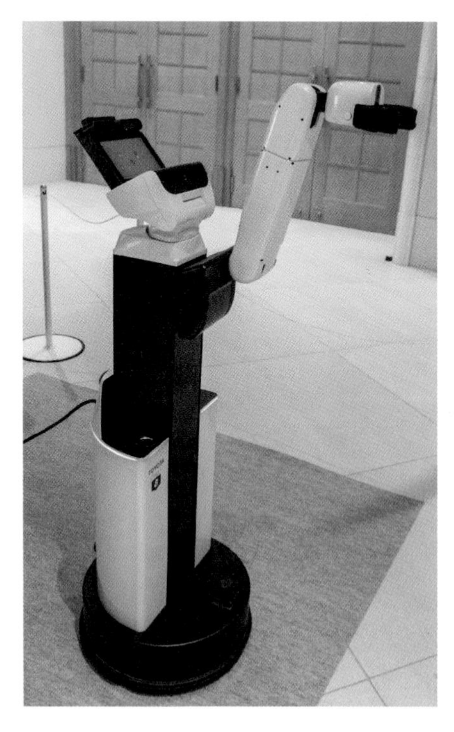

그림 5.22 도요타 자동차가 개발한 생활지원 로봇 'HSR'. 커튼과 서랍을 개폐할 수 있고, 페트병을 가져오는 것 등을 대신할 수 있다. JETSON TX1을 탑재했다.

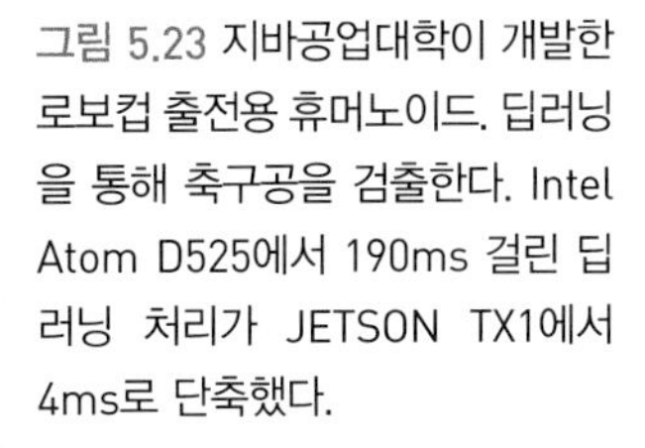

그림 5.23 지바공업대학이 개발한 로보컵 출전용 휴머노이드. 딥러닝을 통해 축구공을 검출한다. Intel Atom D525에서 190ms 걸린 딥러닝 처리가 JETSON TX1에서 4ms로 단축했다.

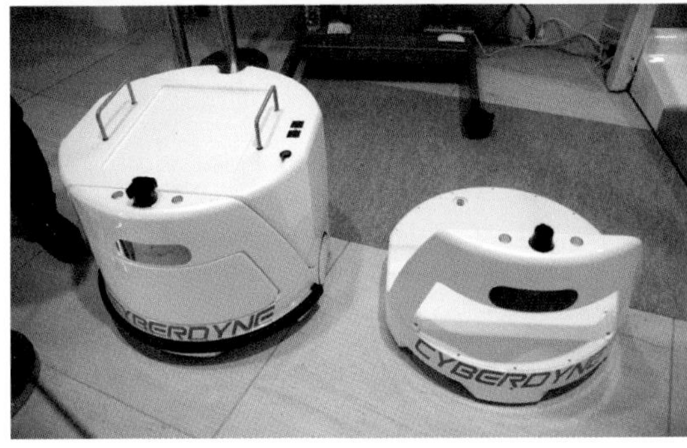

그림 5.24 사이버다인이 개발한 업무용 자동청소기(왼쪽)와 운반로봇(오른쪽). JETSON TX1을 탑재했다.

동청소 로봇과 운반 로봇 등 JETSON TX1을 탑재한 기기를 볼 수 있었다. 이러한 로봇들도 딥러닝과 관련한 시스템을 탑재하고 있다.

손쉽게 딥러닝 프레임워크를 탑재

뉴럴 네트워크와 딥러닝을 근본부터 이해하는 개발자는 전 세계에서도 수백 명 정도 밖에 없다고 한다. 그렇다면 어떻게 딥러닝과 기계 학습을 사용한 시스템을 도입했다는 기업 소식이 잇달아 발표될 수 있을까?

앞에서 소개한 것처럼 딥러닝 자체를 개발할 수는 없어도 딥러닝용 라이브러리를 이용하면 자사의 시스템에 이식하는 것은 어렵지 않다. 라이브러리

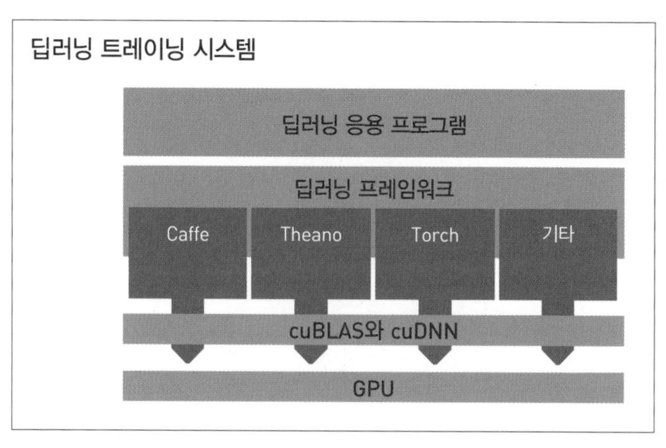

그림 5.25 딥러닝의 'Caffe'나 'Theano'와 같은 라이브러리가 GPU를 가장 적절하게 활용하기 위한 'cuBLAS', 'cuDNN'을 NVIDIA에서 자체개발해서 개발자에게 제공한다. 딥러닝 개발비 절약과 손쉬운 탑재를 실현했다(NVIDIA 자료를 바탕으로 편집부에서 작성).

는 이미 여러 회사에서 공개했고, 무료로 사용할 수 있는 것도 있다.

Google이 개발하고 실제 자사의 일부 서비스에서도 사용하고 있는 'TensorFlow'(텐서플로), 일본의 Preferred Networks가 개발한 'Chainer'(체이너), 캘리포니아대학교 버클리캠퍼스 연구센터가 개발한 'Caffe'(카페), 이밖에도 'Theano', 'Torch', 'Minerva' 등이 잘 알려진 라이브러리다.

하드웨어를 사용하기 위해서는 소프트웨어(디바이스 드라이버)가 필요한 것처럼, 고속성을 생각하면 GPU가 사용할 수 있는 라이브러리인지 여부가 중요하다. 다시 말하면, 라이브러리가 GPU를 효율적으로 사용할 수 있게 해주는 소프트웨어를 개발할 필요가 있다. NVIDIA는 이 점에 착안하여 Caffe와 Theano, Torch, Minerva 등의 딥러닝 라이브러리가 GPU를 활용하여 고속으로 맵핑하거나 연산처리를 할 수 있도록 가교 역할을 하는 라이브러리인 'cuBLAS'와 'cuDNN'을 제공한다.

약간 기술적인 이야기지만, 그래픽스용으로 개발한 GPU를 그래픽스가 아닌 분야에서도 효율적으로 이용하는 기술을 'GPGPU'(General-Purpose computing on Graphics Processing Units)라 부른다. 뉴스에서 'GPGPU'라는 표현을 보게 된다면, 이 내용을 생각하면 이해하기 쉬울 것이다.

이 기술을 개발하기 위해 NVIDIA가 제공하는 C언어 통합개발환경은 'CUDA'(쿠다)라고 부른다. 여기에 행렬과 벡터의 기본적 계산함수 처리에 적합한 'BLAS'(Basic Linear Algebra Subprograms)를 결합한 것이 'cuBLAS', 딥 뉴럴 네트워크(DNN)용 개발환경은 'cuDNN'이다.

이들을 이용해서 대부분의 플랫폼과 처리에서 개발자는 GPU코드를 작성하지 않아도 딥러닝 시스템을 개발할 수 있게 되었다. 즉, 개발 도구 환경이 정비됨에 따라 비즈니스와 시스템 환경에서는 단숨에 딥러닝의 실용화가 가속되고 있다.

CPU를 사용한 AI고속화기술로 역전을 노리는 인텔

CPU 분야의 선두주자인 인텔은 'intel inside'(인텔이 들어있다)라는 광고로도 유명하지만, 윈도우즈 컴퓨터와 맥과 같은 개인용 컴퓨터뿐만 아니라 많은 서버 시스템에도 CPU를 공급하고 있다. NVIDIA가 CPU가 아닌 GPU를 사용하여 딥러닝같은 기계 학습에 필요한 계산시간을 단축하기 위해 노력하는 동안, 인텔도 뒤지지 않으려 노력하고 있다.

CPU시장에서 압도적인 시장 점유율을 가지는 인텔은 2016년 클라우드 플랫폼에서 AI시스템 가동은 10% 정도지만, 향후 폭발적으로 증가할 것이라 예측했다. 그래서 코어가 많아서 AI의 기계 학습 처리에 적합한 CPU를 투입하여 AI시장을 견인할 구상을 하고 있다. 매니코어 프로세서라 불리는 것이 여기에 해당하며, 제품군으로는 'Xeon Phi'(64~72코어)이 해당된다(개발 코드명: Knights Mill).

이 구상의 장점 중에서 가장 이해하기 쉬운 점은 기존 소프트웨어를 거의 그대로 사용해서 AI 관련 처리를 고속화할 수 있다는 것이다. AI연산처리를

GPU에 분산해서 처리하려면, 많은 부분에서 프로그램을 변경하고 테스트를 실시해야 한다. 하지만 CPU 처리가 빠른 컴퓨터로 대체하면 그런 변경을 하지 않아도 된다. 인텔은 2016년 시점에서 AI 관련 소프트웨어의 97%가 CPU에서 동작한다고 추정하고 있다.

또한, 속도 측면에서는 '앞으로 3년간 딥러닝 모델에서 트레이닝 시간을 GPU 솔루션 대비 최대 100분의 1로 단축하는 것을 목표'로 한다. 인텔은 2016년 8월에 딥러닝에 최적화한 소프트웨어와 하드웨어 개발을 수행하는 스타트업 Nervana(너바나)를 인수했고, 그 기술을 활용한 AI플랫폼 'Intel Nervana'를 2016년 11월에 발표했다. 시스템이 최대한으로 코스트 퍼포먼스를 실현할 수 있도록 하는 도구와 구조를 워크로드라고 부르는데, AI를 활용한 데이터센터 서버의 워크로드 중 약 97%가 이미 Nervana 기술을 사용한다고 한다. 즉, 기존 CPU 시스템은 AI 분야에 최적화되어 있지 않아서 느린 것뿐이므로, Intel Nervana로 최적화(튜닝)하면 수십 배나 되는 퍼포먼스 향상을 기대할 수 있으며, 나아가 매니코어 기술을 도입하여 기존 프로그래밍으로도 충분히 고속화가 가능하다고 한다.

2017년 상반기에는 이 기술을 통합한 인텔 플랫폼인 'Lake Crest'(개발코드명)의 실증 테스트를 반복하여 뉴럴 네트워크를 이용한 기계 학습 시간을 단축하는 튜닝을 실시했다. 이 기술이 '향후 3년 안에 딥러닝 분야에서 100배의 성능향상을 기대한다'는 발언과 연결되어 있다.

인텔은 이외에도 자동운전 등 화상처리를 수행하는 컴퓨터 비전 프로세서를 연구개발하는 기업 'Movidius'를 2016년 9월에 인수했다. 이를 통해 자동운전과 로봇 등 임베디드 모듈형 시스템으로 딥러닝을 수행하거나, AI시스템을 가동시키는 구조를 실현하려 한다. 이런 점에서도 NVIDIA와 정면으로 경쟁할 의욕을 엿볼 수 있다.

CPU+FPGA의 퍼포먼스

인텔은 FPGA 분야의 대형기업인 Altera를 인수하여 CPU+FPGA라는 조합으로 딥러닝과 같은 뉴럴 네트워크를 고속화 하는 옵션을 갖추었다. FPGA는 Field-Programmable Gate Array의 약칭으로, 회로를 자유롭게 변경할 수 있는 유연함이 특징이다. 개발기간을 큰 폭으로 단축할 수 있고, 도입 후에도 갱신할 수 있는 높은 관리/보수성과 확장성이라는 장점도 있다. 인텔은 FPGA에 기계 학습 시스템을 싣기 위해 'Deep Learning Accelerator FPGA IP'를 제공하면서 Caffe, Theano, Torch, TensorFlow 등의 프레임워크도 FPGA용으로 제공하여 개발을 지원하고 있다. 또한, FPGA는 전력효율이 좋다는 장점도 가지고 있다. 그리고 모든 처리 데이터를 온칩 메모리(on-chip

그림 5.26 왼쪽이 CPU+FPGA(Arria 10)가 계측하는 화면(계측 중인 이미지가 차례로 바뀐다). 1초에 513매, 24.9 W 전력으로 화상처리를 실현한다. 오른쪽이 CPU만으로 계측하는 화면이며, 1초에 51매, 추정 소비전력은 130 W다.
(출처: 인텔 https://www.altera.co.jp/solutions/technology/machine-learning/overview.html)

memory)에 보존하여 일시적인 계산을 수행한다는 특징도 있다.

시연 동영상에는 FPGA(Arria 10)를 사용해서 화상인식 딥러닝을 수행할 때, 1초에 510장이나 되는 이미지를 25~35 W 소비전력으로 처리하는 퍼포먼스를 소개하고 있다. 같은 데이터를 CPU(Xeon E5 1660, 6코어, FPGA 없음)로 처리하면 10분의 1 정도 밖에 성능을 발휘하지 못한다.

인텔 외에 Google도 2016년에 딥러닝용 프로세서 'Tensor Processing Unit'(TPU)를 자체 개발한다고 발표했다. GPU, CPU, CPU+FPGA, TPU 중 어느 것이 차세대 AI 컴퓨팅의 주류가 될지는 아직 모르겠지만, 향후 동향을 주시하고 싶다.

6
인공지능 실용화

인공지능을 이용한 도입사례와 기술 · 서비스는 더 이상 미래의 일이 아니다. 실제로 콜 센터에 도입이 되어, 질문에 대한 적절한 회답 후보를 상담원에게 제시하기도 하고, 챗봇에 인공지능이 도입되어 자동으로 응답하는 구조가 구축되었다. 의료현장에서도 MRI화상을 확인하거나 문진을 하는 등 활약하기 시작하였으며, 작곡, 소설, 뉴스 기사 집필 등 여러 분야에 걸쳐 실용화 되고 있다.

인공지능 실용화

콜 센터와 접객에 도입

이제까지 설명한 것처럼 현재 인공지능 관련 기술은 기존 컴퓨터 시스템과 비교해서 화상 해석 · 구분, 음성 해석, 사람과 물체 인식 · 식별, 데이터마이닝(data mining. 빅데이터에서 경향과 특징을 발견하고 추출) 등에서 뛰어나다고 할 수 있다. 이런 분야에서 정확도가 향상된 이유로는 예전과 같이 해석이나 구분 방법 등을 프로그래머가 세세하게 프로그래밍 코드를 사용해서 작성할 필요 없이, 컴퓨터 스스로 방대한 정보에서 해석이나 구분 패턴을 발견하는 기계 학습이 성과를 낸 것을 들 수 있다. 해석과 식별 능력이 향상되면 그 알고리즘과 함수를 바탕으로 발견과 예측 정확도를 향상시키는 방법이 차례차례 만들어진다.

이번 장에서는 다양한 도입사례와 개발 중인 기술을 소개 · 해설한다. 이를 통해 이제까지 설명한 기술과 기능이 어떻게 실제 사회에서 활용되어 가는지를 알 수 있으며, 독자 여러분의 업무에서 활용할 수도 있는 구체적인 이미지를 만들 수도 있을 것이다.

인공지능과 로봇이 하는 접객

일본의 대형은행은 최신 기술을 적극적으로 도입한다. 도쿄미쓰비시UFJ 은행, 미즈호 은행, 미쓰이스미토모 은행은 일찍부터 IBM Watson을 적극적으로 도입했다. 도쿄미쓰비시UFJ 은행과 미즈호 은행은 로봇과 Watson을 조합한 접객 업무를 적극적으로 개발할 것이라 발표했다.

미즈호 은행의 시도는 앞에서도 소개했지만, 도쿄미쓰비시UFJ 은행도 창구에 Watson과 연계한 로봇 'NAO'와 '페퍼'를 설치해서 운용하는 이미지 동영상 'Watson과 로봇이 활약하는 미래의 접객'을 공개했다. 접객은 미즈호 은행과 비슷하지만, Watson과의 연계가 더 구체적인 점과 '로봇의 협동'이라는 흥미로운 주제에 대해 소개하고 있다.

Watson과 로봇이 활약하는 미래의 접객

은행에 손님이 찾아오면, 접수창구에서 대기하고 있던 사람 형태의 소형 로봇 'Nao'(나오)가 사람 센서로 손님을 발견하고 얼굴인식 기능으로 누구인지를 알아내서 고객 이름과 프로필, 고객이 사용하는 언어 정보를 찾아낸다.

'○×님, 어서 오세요.' 고객이 사용하는 언어가 영어라면 Nao는 고객 이름을 부른 다음, 영어로 인사말을 건넨다. 고객이 Nao에게 '세금이 부과되지 않는 투자가 유행이라고 들었는데?'라고 물어보면, Nao는 Watson에 접속한다. Watson은 자연언어로 된 대화를 해석해서 고객이 원하는 정보가 'NISA'(니사. 비과세투자계좌)에 관한 것임을 이해하고 Nao에게 지시를 보낸다. Nao는 'NISA 말씀이군요. 저쪽 창구에서 안내해드릴게요'라며 NISA 창구를 담당하고 있는 페퍼에게 손님을 안내한다. 이와 동시에 페퍼에게 Nao가 가지고 있는 고객 정보와 고객과의 대화 내용을 전송한다.

고객은 대기하고 있는 페퍼 앞으로 이동하여 'NISA와 태국 투자신탁은 어떻게 다르지?'라고 질문한다. 페퍼도 Nao와 마찬가지로 고객의 질문을 Watson에게 보내고, Watson으로부터 '태국 투자신탁은 수익에 대해 비과세지만, 보통 배당금은 금액에 따라 과세됩니다'라고 답을 받아서 고객에게 대답한다. 고객이 NISA에 관해 자세한 내용을 더 알고 싶어도 시간이 없다고

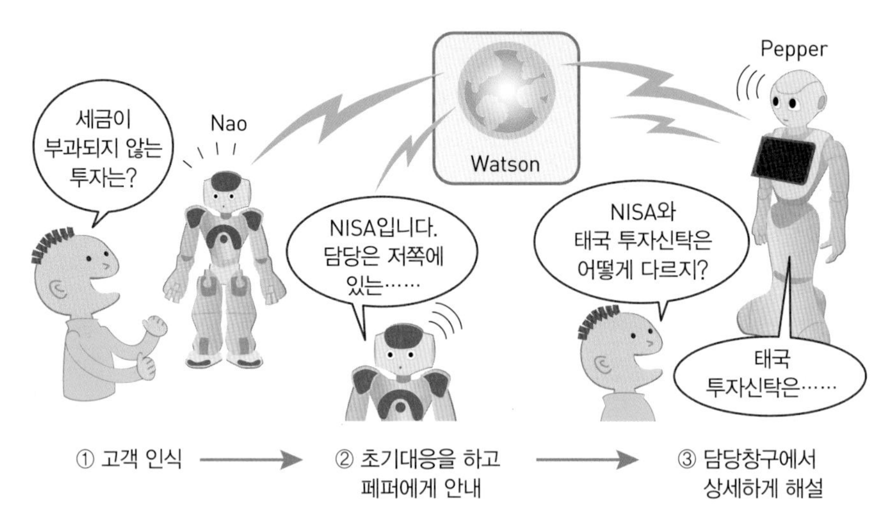

그림 6.1 Watson과 로봇이 하는 접객. ① 은행 접수창구에서 Nao가 얼굴을 인식해서 고객을 확인하고, ② 고객의 용건을 들은 후(다국어 대응), Watson과 연계해서 초기 대응을 하고 페퍼에게 안내한다. ③ 페퍼는 상세한 질문을 들은 다음, Watson에게 물어본 후 고객에게 답을 하거나 고객의 스마트폰에 정보를 보낸다.

로봇에게 이야기하면, 페퍼는 NISA를 이용한 고객의 자산운용 시뮬레이션 결과 그래프를 고객 스마트폰으로 전송한다.

여기까지는 장래의 일을 상정한 것이므로 실현되기까지는 아직 시간이 더 필요하다. 하지만 이미 가능한 기술로 구성되어 있으므로 결코 공상은 아니며, 대화와 기계 학습에 대한 정확도 향상을 통해 충분히 실현 가능한 내용이다.

사람과 로봇의 협동

로봇과 인공지능 업계에서는 '협동'이라는 단어를 중요하게 생각한다. 앞의 사례에서는 페퍼와 Nao라는 서로 다른 2대의 로봇이 협력해서 일했다(협동). 협동은 사람과 로봇 사이에도 해당된다. 산업용 로봇(로봇팔)은 세세한 작업이나 정해진 작업을 사람보다 정확하고 빠르게 수행할 수 있다. 로봇팔은 위험하기 때문에 지금까지 일부 공장에서는 안전 담장 안에서만 사용하고 있었다. 하지만 지금은 이러한 상황이 크게 변하고 있다. 센서와 로봇 몸체 구조가 발달하고 이에 상응하여 법률과 규제가 완화되어서 안전 담장 없이도 산업용 로봇을 이용할 수 있게 되었다. 가까운 장래에는 인간과 로봇이 나란히 일하는 시대가 올 것으로 기대한다.

2017년 2월에 열린 페퍼 월드에서는 커뮤니케이션 로봇 페퍼가 방문객과 대화하여 주문을 받고, 바로 옆의 가와사키중공업이 만든 산업용 양팔형 수평 다관절(스칼라) 로봇이 '스마트폰 액정 필름을 교체'하는 작업의 시연을 볼 수 있었다. 스마트폰 액정 필름을 깨끗하게 교체하는 것은 인간에게도 어려운 작업이다. 페퍼로는 도저히 불가능하다. 하지만 산업용 로봇에게는 간단하다. 반면, 산업용 로봇은 사람과 대화하는 것을 잘 수행할 수 없다. 사람이 잘하는 업무와 로봇이 잘하는 업무에서 협력하여 일하고, 로봇 사이에서 연락을 취하며 잘하는 업무에서 또한 협력해서 일한다. 일손 부족을 해소하는 장치로 사용할 수 있을지 여부는 '협동'에 달려있다.

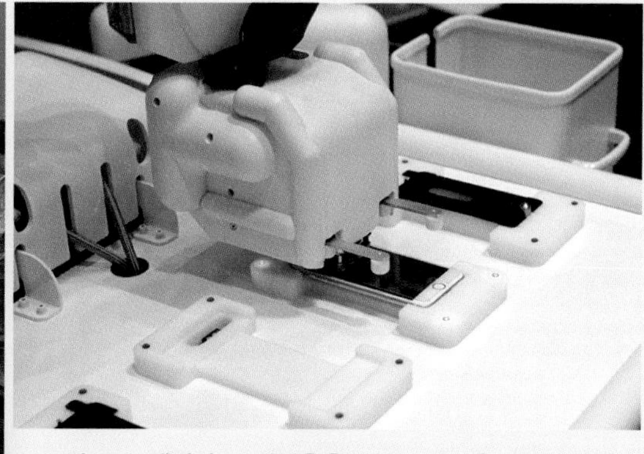

그림 6.2 페퍼가 고객대응을 하고, 산업용 로봇 'duAro(듀아로)'가 스마트폰 액정필름을 바꿔 붙인다. 페퍼 월드 2017에서 시연.

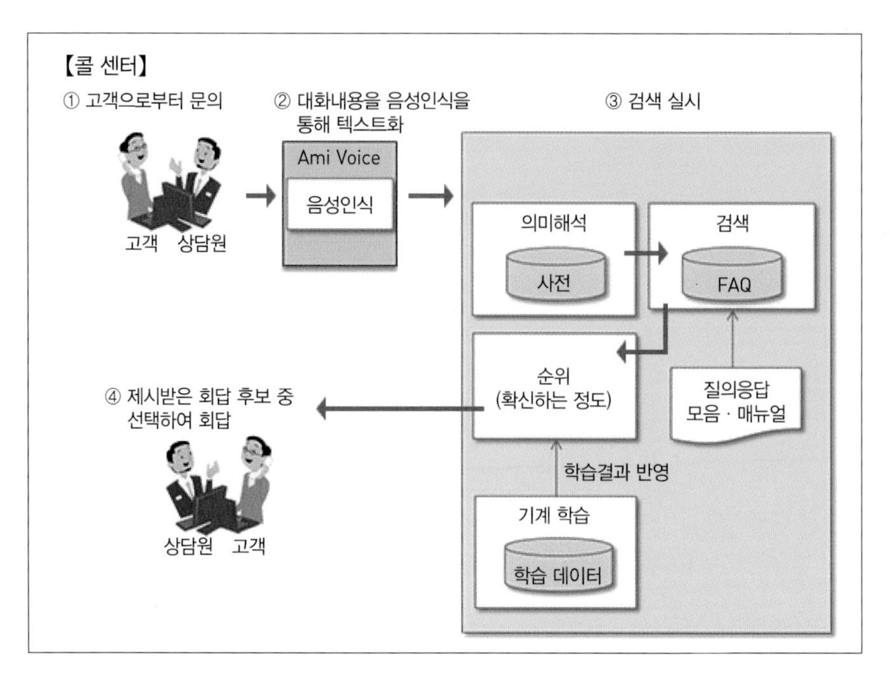

그림 6.3 고객과 상담원의 대화를 'Ami Voice'가 문자로 변환하여 Watson에게 보내면, Watson은 문자정보에서 대화 내용을 이해하고 적절한 회답 내용을 상담원에게 제시한다.

미쓰이스미토모 은행은 2016년 10월부터 모든 콜 센터에서 'IBM Watson Explorer' 이용을 시작했다고 발표했다. Watson Explorer는 Watson 제품군 중 하나로, 대량 비구조화 데이터(인간에게 익숙한 형태로 축적된 데이터)에서 인사이트를 발견하여 사용자 스스로 더 좋은 의사결정을 위해 필요한 정보를 검색해서 이해하게 만드는 솔루션이다. 즉, 방대한 정보에서 필요한 것을 발견하여 제시하는 시스템이다.

콜 센터에 이 시스템을 도입하는 작업은 미쓰이스미토모 은행이 일본에서는 가장 먼저 2014년부터 착수했다. 고객과 상담원의 대화 내용을 음성인식 시스템 'Ami Voice'(어드밴스트 미디어사에서 개발)가 실시간으로 전체를 문자화 하면, 이것을 Watson이 FAQ 모음 데이터베이스에서 조회하여 질문에 대

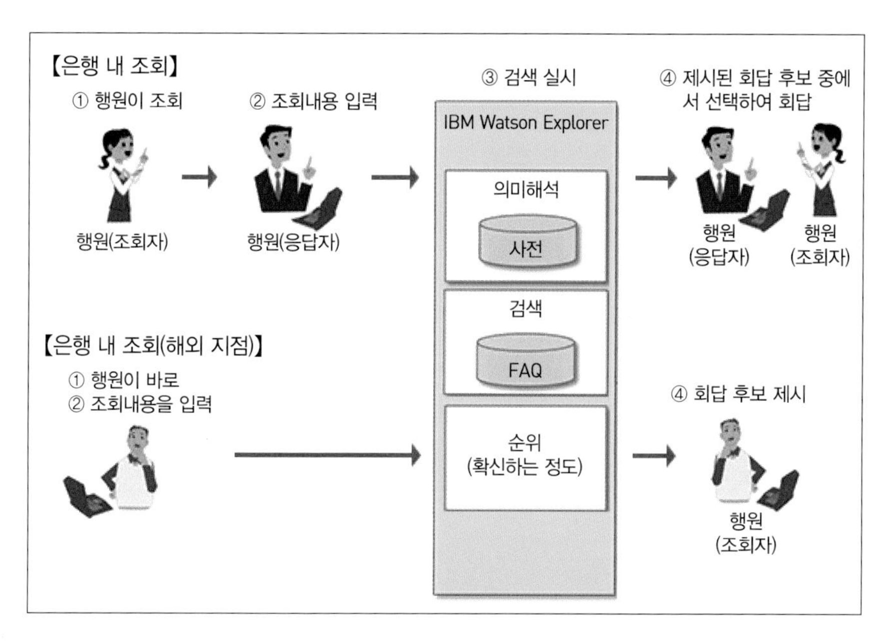

그림 6.4 은행원의 질문에 대해서 Watson이 답에 순위를 매겨서 표시한다. 외국에서 온 질문에도 바로 답할 수 있다. 행원과 영업담당이 많은 조직일수록 도입 장점이 클 것으로 여겨진다. (※미쓰이스미토모 은행 홈페이지에서 인용하여 편집부에서 일부 변경함)

해 가장 적절한 회답 후보를 상담원에게 제시한다. 상담원은 Watson의 회답을 참고하여 본인의 경험과 학습을 통한 지식으로 고객에게 회답한다. 이런 과정을 통해 고객 응대 정확도를 높이는 시스템이다. 이런 과정이 높게 평가받아서 공익사단법인 기업정보화협회가 2016년 7월에 주최한 고객센터 시상제도에서 고객지원 IT상 특별상을 수상했다.

2017년 2월, 미쓰이스미토모 은행은 콜 센터에서 충분히 성과를 거둔 이 시스템 사용을 확대하기 위해, 은행 내 영업부문에서 본부로 조회하는 내용에 대응하는 업무에도 도입하기로 했다고 발표했다. 국내여신 업무에 관한 은행 내 조회 업무를 Watson이 처리하고, 법인고객의 각종 문의에 대한 대응과 안내에도 이 시스템을 활용한다.

또한, 개인고객 서비스에 관한 은행 내 조회 응답 업무에도 도입하고, 해외지점의 여신 업무에 관한 영어 조회에도 활용하고 있다. 특히 미주와 유럽 등 해외지점에서 일본 본부로 조회하는 경우, 지금까지는 시차로 인해 답을 얻기까지 시간이 걸린다는 문제가 있었지만, 이 시스템을 도입하여 Watson이 24시간 신속하게 대응할 수 있도록 개선되었다.

앞에서 소개했던 미즈호 은행 사례를 포함하여, 일본 대형은행 3사가 인공지능(코그너티브) 기술과 로봇을 사용하여 업무 효율화에 도전하고 있다. 개발이 진행됨에 따라 성과가 나타나고, 대응하는 업무도 확대되고 있다. 그리고 은행은 인공지능 챗봇도 적극적으로 도입하고 있다.

인공지능 챗봇

IBM Watson 장에서도 소개한 내용이지만, '챗봇'에 인공지능을 도입하여 자동으로 응답하는 구조를 구축하려고 생각하는 기업이 급격히 증가하고 있다. 채팅 서비스 자체를 채팅 플랫폼이라 부른다. 예를 들어, 일본에서 가장 인기 있는 채팅 플랫폼 중 하나가 'LINE'이다. 서양에서는 스냅챗이 인기지만, 일본에서는 LINE 외에 페이스북의 'Messenger'(메신저), 'Slack'(슬랙) 등이 유명하다.

페이스북 M이 상담역할을 한다

페이스북은 인공지능기술을 활용한 챗봇 'M'을 개발했다. 'M'은 스마트폰을 통해 익숙한 아이폰의 'Siri'(시리), Google의 'OK Google', 마이크로소프트의 'Cortana'(코타나) 등과 사용방법이 비슷하기 때문에, 개인 비서로 분류하는 보도도 있다.

시리와 OK Google은 플랫폼으로는 기업에 제공되지 않는다. Messenger는 채팅이라는 플랫폼이지만, 그 상대로 'M'과 같은 챗봇을 지정하면 개인 비서로 활용할 수 있다.

사용자 입장에서 보면 시리와 OK Google은 인터넷에서 정보를 찾아주지만, 특정 제조사와 그 제품에 대해 자세하게 알고 있는 것은 아니다. 그러므로 제조사나 각종 서비스 업체가 제공하는 챗봇은 가치가 있다고 할 수 있다. 예를 들어, 챗봇은 신발에 관해서라면 무엇이든 답을 해주거나, 올해 유행할 것 같은 셔츠와 수영복 디자인을 가르쳐 줄 수 있다.

인터넷 쇼핑몰을 운영하는 입장에서는 상품을 자세하게 설명하거나, 질문에 답하거나, 올해 유행할 모델을 알려주는 서비스를 제공하고 싶어도 대응 인력이나 운영비용이 문제가 된다. 이런 문제를 해결할 수 있는 것이 챗봇이다. 페이스북 M은 대화 흐름을 통해 피자나 신발을 주문하거나 선물을 추천하고, 그대로 구입할 수 있게 해준다.

페이스북이 발표한 예에서는 '친구 부부에게 아이가 태어났는데 어떤 선물이 좋을까? 친구는 이미 장난감과 옷을 많이 가지고 있어'라고 자연언어

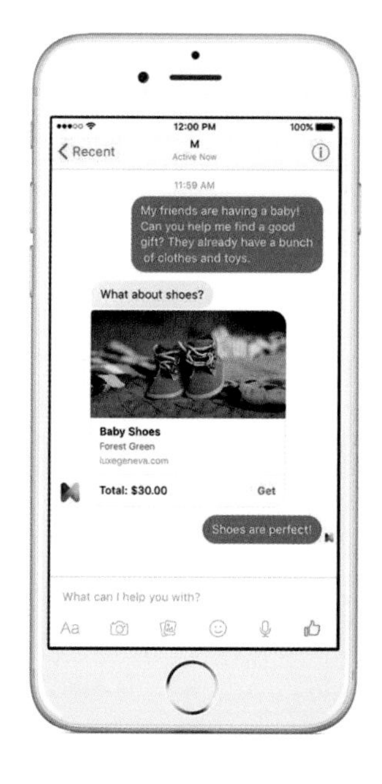

그림 6.5 페이스북이 발표한 챗봇(개인 조수) 'M'의 사례. 출산 축하 선물로 구두를 추천한 화면. 마음에 들면 구입도 가능하게 만들 예정.

로 물어보면 M은 '그렇다면 신발은 어떨까요?'라며 이미지와 함께 제안해준다. 그리고 그 아래에는 '구입' 버튼이 있어서 그대로 손쉽게 주문할 수 있는 구조다.

이것은 플랫폼과 인공지능을 모두 페이스북이 제공하는 예지만, 향후 플랫폼인 '페이스북 봇'은 기업용으로 제공할 예정이며, 미즈호 은행은 2016년 여름부터 미국에서 페이스북 봇과 아마존 에코를 사용하여 챗봇에 대한 실증 실험을 실시하고 있다는 뉴스도 있다.

LINE Customer Connect

LINE은 플랫폼을 제공하여 기업 시스템과 연계하는 'LINE 비즈니스 커넥트'를 발표하였고, 인공지능 질의응답 시스템과 연계하여 챗봇을 실현하는 서비스 'LINE Message API(챗봇 API)'와 'LINE Customer Connect'도 발표했다.

'LINE Customer Connect'는 'LINE'을 활용한 고객지원을 챗봇을 통해 실현하는 서비스다.

기업이 이 서비스를 도입하면, 자사의 웹사이트와 LINE 계정을 통해 들어온 문의에 대해 LINE으로 대응할 수 있다. 챗봇으로는 대답하기 어려운

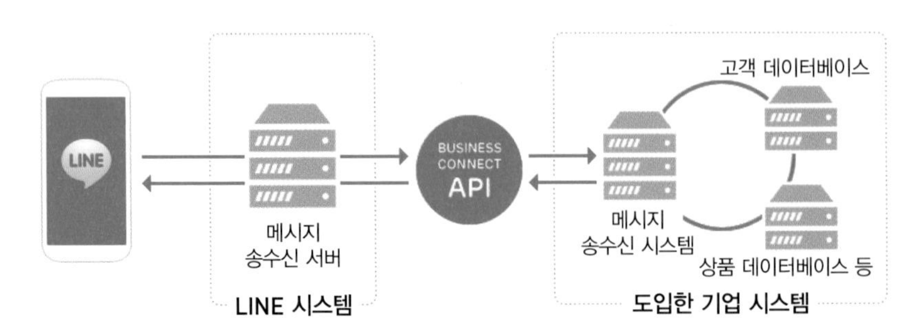

그림 6.6 API를 제공하여 LINE과 외부시스템을 연결하는 'LINE 비즈니스 커넥트'. 커스터마이즈 서비스로 인공지능 챗봇과 연계할 수 있는 것이 'LINE Customer Connect'이다.

내용은 고객센터에서 상담원이 대응하도록 전환할 수도 있다. 초기단계 대응과 1차 대응은 인공지능이 자동응답으로 대응하므로 지원 업무 효율화와 자동화를 기대할 수 있다.

FAQ에 응용

인공지능 시스템은 FAQ를 기반으로 기계 학습하는 것도 가능하다. 사용자가 만족하지 못한 질문을 축적하여 기계 학습과 상담원 대응을 통해 수시로 FAQ를 업데이트해 가면, 해결 비율을 계속 향상(인공지능의 학습과 육성)시킬 수 있다. 또한 자사 웹사이트 등에 LINE으로 연결하는 버튼을 설치하면 웹과 LINE 계정을 연계하여 문의에 대응할 수 있다.

이것을 처음 도입한 곳은 2016년 11월에 도입한 아스쿠루다. 아스쿠루는 일반 소비자용 인터넷 쇼핑 서비스 'LOHACO'(로하코)를 운영하며, LINE Customer Connect를 활용하여 고객의 문의에 대해 인공지능 시스템이 자동으로 대응하는 채팅 형식의 고객지원 서비스를 11월 21일부터 제공하기 시작했다. 서비스 이름은 '마나미상'(마나미 씨)이다. 마나미상의 기계 학습은 딥러닝을 이용한다. 딥러닝을 중심으로 한 학습 시스템 개발은 파크샤테크놀

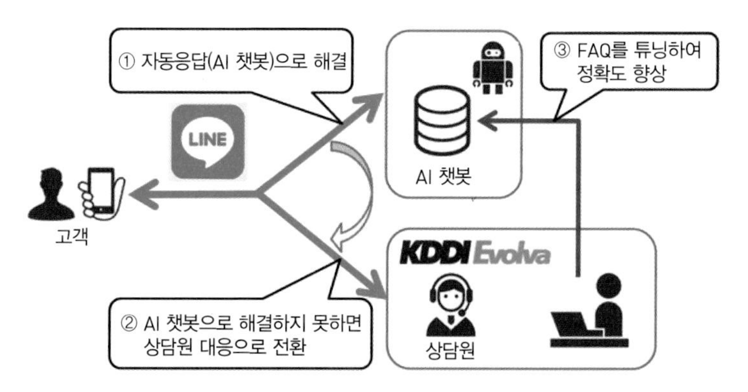

그림 6.7 1차 접수에서 고객의 질문에 LINE으로 대응하고, 질문내용이 복잡하면 상담원이 대응한다.

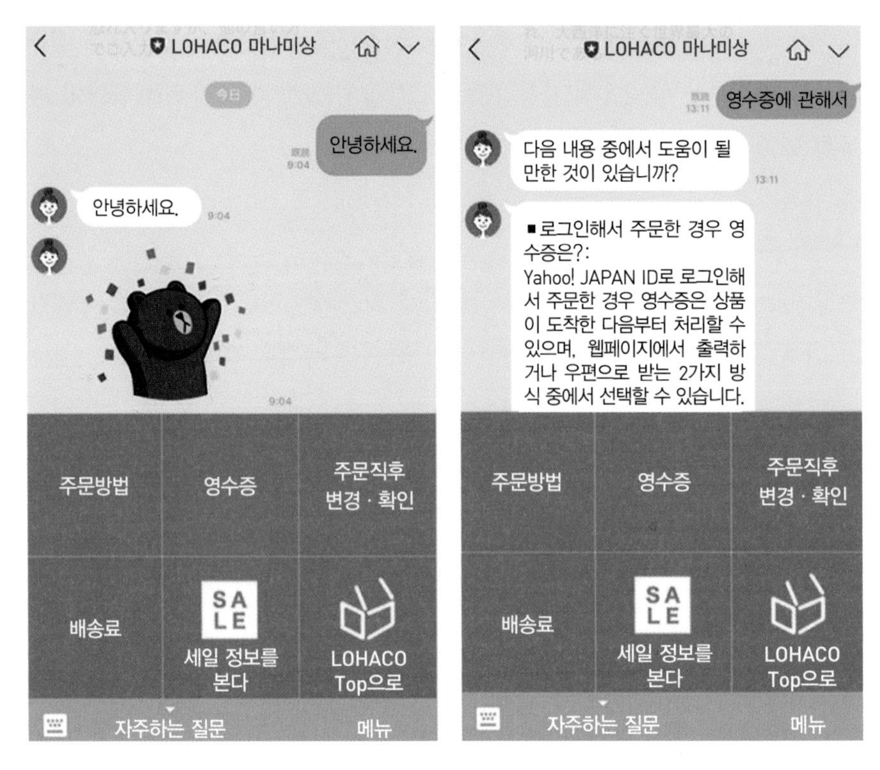

그림 6.8 아스쿠루의 LOHACO 마나미상 이미지 화면. LINE에서 챗봇이 대응한다.

로지(PKSHA Technology)의 기술을 활용하며, 사용자 지원 서비스 운영, 시스템 연계, 기계 학습 데이터 강화 등에서 KDDI Evolva와 협력 체제를 구축하고 있다.

이외에도 도쿄미쓰비시UFJ 은행의 LINE 계정은 이미 Watson을 사용한 챗봇을 운영하기 시작했다. 은행에서는 '도쿄미쓰비시UFJ 은행 LINE 공식 계정에서 제공하는 질의응답 서비스의 회답 검색 알고리즘에 IBM Watson 일본어버전 API를 활용하며, 만일 애매한 질문을 받더라도 질문자의 의도를 이해할 수 있으므로 더 적절한 회답을 할 수 있을 것으로 기대한다'고 발표했다.

이렇게 기업의 지원 서비스에 인공지능 챗봇을 활용한 시스템을 도입하는 것은 필연적이며, 이용 빈도를 늘리기 위해서 기업은 가급적 널리 보급된 플랫폼을 선택할 것으로 보인다.

또한, 기술적으로는 웹페이지와 스마트폰 앱에 탑재할 수도 있으므로, 상세한 내용은 103쪽에서 소개한 '챗봇을 통해 보는 AI도입 포인트'를 참조하길 바란다.

의료현장에서 활약하기 시작한 인공지능

아베 신조 총리는 빅데이터와 인공지능을 최대한 활용하여 질병 예방, 건강관리, 원격진료를 추진하여 질 높은 의료를 실현하겠다고 표명했다(2016년 11월 미래투자회의에서). 인공지능을 의료에 활용하려는 분위기는 전 세계에서 고조되고 있다.

인공지능이 MRI화상을 확인해서 이상소견을 알리다

먼저 알기 쉬운 분야로는 인공지능의 이미지 식별 능력을 활용하여 MRI나 CT 사진에서 병을 발견하는 것을 생각할 수 있다. 심장병을 예로 들어 생각해보자. 2014년 일본인의 사망원인 중 1위는 암이었으며 37만 명이 암으로 사망했다. 2위가 19만 명이 사망한 심장질환이었다. 심장질환은 돌연사로 이어지는 위험한 병이다. 하지만 MRI 사진을 전문적으로 보는 의사는 절대적으로 부족하다. 특히 지방으로 가면 진단할 수 있는 의사가 적기 때문에 MRI 사진을 전문의에게 보내서 결과를 기다려야 하므로, 몇몇 전문 의사에게 사진 진단 업무가 집중되는 일이 벌어진다. 이 문제를 인공지능이 지원하여 해결하려는 움직임이 있다. 실력 있는 심장질환 전문 의사의 감수를 바탕으로 기계 학습을 시킨 인공지능이 1차 사진 진단을 수행하여 이상소견을 알린다. 물론 모든 사진에 대한 최종 진단은 의사의 몫이지만, 긴급한 이상소견을 신속하게 검출하거나, 의사가 빠뜨리기 쉬운 이상소견을 인공지능의 도움으로 발견할 수 있다. 성별, 나이, 혈액검사 정보 등과 조합하여 인공지능을 통해 더 정확한 진단 지원을 수행할 수 있다.

방대한 빅데이터에서 답을 추출

4장에서도 설명한 바와 같이 계속 증가하는 새로운 의학논문과 학설, 서적 등의 모든 자료를 한 사람이 전부 읽는 것은 불가능하지만, 인공지능이라면 가능하다. 방대한 데이터에서 필요로 하는 정보를 픽업하는 것은 컴퓨터가 잘하는 작업이다. 문제는 인간이 사용하는 자연언어로 만들어진 논문과 자료인 '비구조화 데이터'를 컴퓨터가 이해하여 정리할 수 있는지 여부다. 이 문제에 IBM Watson이 도전했고, 구조화/비구조화 데이터를 가리지 않고 성과를 내고 있다.

도쿄대학 의과학연구소는 Watson을 활용하여 '암 유전자 해석'을 수행하여 암을 일으키는 요인이 되는 유전자 변이를 발견하거나, 가장 적절한 치료법을 제안하는 시스템을 연구 · 개발하고 있다. 또한, 후지타 보건위생대학에서는 Watson을 이용해서 당뇨병과 같은 생활습관병이 발생하는 요인과 치료법을 발견하는 시스템을 구축하고 있다.

의학 분야에 활용되는 것은 Watson만이 아니다.

지치의과대학의 'JMU통합진료지원 시스템'은 인공지능을 활용한 양방향 대화형 진료지원 시스템인 '화이트 잭'을 탑재하고 있다. 화이트 잭은 환자가 터치 패널을 통해 문진에 답하면, 의심되는 질환을 이환율(한 집단 내에서 일정 기간 동안 발생한 환자 수의 일정 인구에 대한 비율 – 옮긴이 주)에 따라서 순위를 매기고 구체적인 검사방법과 처방전을 제안하는 시스템이다. 지치의과대학의 데이터센터와 연계된 화이트 잭은 임상추론을 응용해서 방대한 의료정보로부터 통합적으로 해석하여 의심되는 질환을 제시한다. 종합병원 접수창구에서는 환자가 가야 할 가장 적합한 진료과를 후보들 중에서 좁혀가고, 이를 통해 환자에게 적합한 진료를 일찍 받을 수 있다. 또한, 의사의 오진과 놓치는 부분을 줄일 수도 있다.

진료를 담당하는 의사가 아닌 다른 의사에게 세컨드 오피니언을 구하는 경우도 많아졌다. '다른 증상이 원인이 아닐까?', '더 효과적인 치료법은 없을까?'와 같은 견해를 공유한다. 여기에 서드(third) 오피니언으로 인공지능의 의견을 구하는 경우도 생기고 있다. 체온, 맥박, 혈압, 혈당치와 같은 혈액 상태, 소변 횟수 등 방대하고 상세한 환자 데이터를 해석하거나 최신 의료논문으로부터 진찰 힌트를 발견하는 작업에서 컴퓨터의 정확도는 점점 더 향상될 것이다.

단, 일본의 의료 분야에는 의료와 의약에 관련한 논문이나 문헌이 쌓인 공적 데이터베이스가 없는 것이 문제로 지적되고 있다. 인공지능 시스템의 기계 학습과 예측에서 중요한 빅데이터 축적과 데이터베이스, 실시간 갱신 구조가 갖춰지지 않으면 인공지능 시스템을 이용한 적절한 진단이 제대로 이뤄지지 못할 것이라고 걱정하는 의견도 있다.

문진을 수행하는 로봇

'저는 문진 페퍼입니다. 열심히 대답해주세요♪'

진찰실에 대기하고 있던 '페퍼'가 내원한 아이를 센서로 감지하여 말을 건넨다. 아이는 페퍼가 한 질문을 듣고 태블릿을 조작하면서 차례로 대답한다.

가나가와 현 후지사와 시에 위치한 '아이아이 이비인후과의원'에서는 샨티가 개발한 '로봇연계 문진 시스템'을 도입하여 실증실험을 수행하였다. 이 시스템은 초진일 때 진찰을 받기 전에 기입하는 문진표를 디지털화한 것이다. 페퍼가 문진을 수행하고, 결과는 자동으로 예약 시스템에 전달된다. 단지 디지털화만 한 것이 아니라, 문진 시 회답을 통해 긴급하거나 감염 우려가 있

그림 6.9 중환자를 우선시 하는 트리아지와 병원 내 감염 억제도 담당하는 '로봇연계 문진 시스템'. (아이아이 이비인후과의원에서. '주식회사 샨티'가 개발)

다고 판단하면, 시스템은 팝업 화면 등을 이용하여 의사에게 주의를 환기시킨다. 예를 들면, 문진을 통해 '체온이 39도 이상이다', '구토 증세가 있으므로 심근경색이 의심스럽다'와 같은 팝업 화면이 나타나서 원내 감염을 억제하거나, 긴급환자를 우선적으로 진찰하는 트리아지(치료 우선순위를 정하기 위한 부상자 분류 – 옮긴이 주)를 수행한다.

오키나와 도쿠슈카이 쇼난아츠기병원은 로봇이 문진하는 것을 시도하였고, 그 도입효과를 발표했다. 오키나와 도쿠슈카이 쇼난아츠기병원이 '수면무호흡증(SAS)' 발견을 촉진시키기 위해 도입한 결과, 진찰을 받는 사람이 늘었다고 한다. SAS는 잠을 자는 동안 호흡이 멈추는 질환으로, 깊은 수면을 취하지 못하게 되어 낮 동안 졸리거나, 집중력이 떨어지게 된다. 운전자에게 이러한 증상이 있다면, 운전에 지장을 주거나 중대한 사고를 일으키는 원인

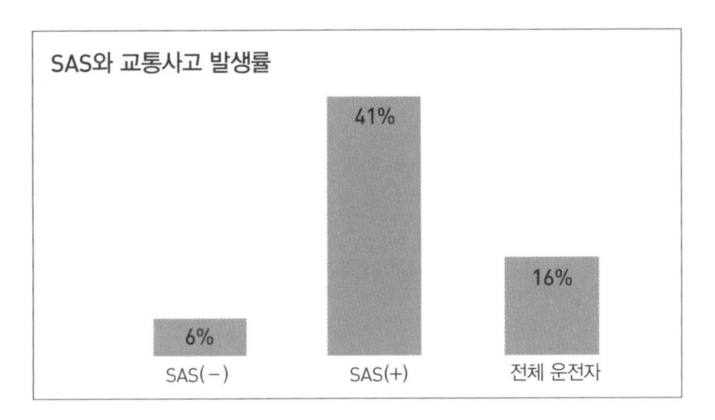

그림 6.10 SAS와 교통사고 발생률. (출처: 무코큐 라보 http://mukokyu-lab.jp/factsheet/factsheet3.html)

이 될 수도 있다. 또한, 중증 폐쇄성 수면 무호흡증(OSAS)이라면 수면 중 호흡이 멈춘 채 죽음에 이르는 경우도 있다.

이 증상은 수면 중에 호흡이 멈추는 것이라 당사자가 증상을 인식하는 것이 어렵다.

이 병원은 지금까지 포스터 등을 사용하여 SAS 진단을 받도록 주의를 환기시켜 왔지만, 실제로 진단을 받은 사람은 한 명도 없었다. 그래서 페퍼가 병원 로비에서 방문객을 불러 세워서 건강 체크라는 이름으로 문진을 실시하는 실증실험을 1주간 수행하였다. 이때 SAS라는 병이 있다는 사실을 전했다. 문진은 6개의 간단한 질문으로 구성되어 있으며, 진단 결과는 프린터로 출력해준다. SAS의 우려가 있다고 판정받은 사람에게는 의사에게 제대로 진료를 받기를 조언한다.

페퍼가 불러 세워서 일단 SAS라는 존재를 알릴 수 있었고, 나아가 54%의 사람이 '향후 SAS 진료를 받고 싶다'고 응답했다. 실제 도입효과는 환자 5명이 2주 내에 검사를 예약하는 것으로 나타났다. 또한, 이 증후군에는 발병이 의심되는 환자군이 많아서 30~60대 남성 사이에서 문진 페퍼 활용비율이 높

그림 6.11 오키나와 도쿠슈카이 쇼난아츠기병원에서 도입한 페퍼. SAS 문진을 수행한다(페퍼 월드 2017 오키나와 도쿠슈카이 쇼난아츠기병원 발표 자료에서).

아진 것이 큰 성과로 여겨진다.

앞으로 이런 로봇이 인공지능 시스템과 의사나 환자를 연결하는 인터페이스가 되어, 의료종사자 부족, 지방이나 멀리 떨어진 섬에서 의료시설의 부족, 원격진료 확충 등 많은 과제를 해결하는 도구가 될 것으로 기대를 모으고 있다.

비틀즈 느낌의 악곡을 만드는 인공지능

소니 컴퓨터사이언스연구소(소니CSL)의 프랑스 거점에서 비틀즈 스타일의 신곡을 YouTube에 공개했다. 'Daddy's Car'라는 제목을 가진 이 곡의 작곡자가 인간이 아니라 인공지능인 'Flow Machines'라고 알려지면서 많은 주목을 받았다. '비틀즈를 방불케 한다'는 것에 성공했는지 여부는 독자 여러분이 YouTube에서 직접 들어보고 판단하길 바란다.

곡이 만들어질 때까지의 과정에는 인간이 많이 관여하고 있다. 인공지능

그림 6.12 Daddy's Car: 인공지능이 비틀즈 느낌으로 작곡한 곡. Sony CSL-파리. YouTube https://www.youtube.com/watch?v=LSHZ_b05W7o&feature=youtu.be

과 연계된 음악 도구 'Flow Machines'를 인간이 조작하여 인공지능에게 작곡을 시키고, 편곡과 작사는 인간이 맡았다.

그렇다면 인공지능은 어떻게 작곡을 한 것일까? 그리고 이것이 가지는 의미는 무엇일까? 2017년 2월에 열린 싱귤래리티 대학(Singularity University)이 주최한 이벤트 '일본 글로벌 임팩트 챌린지'의 기조 강연에서 소니 CSL 소장인 기타노 히로아키 씨는 이렇게 말했다.

우선 약 1만 4,000건에 달하는 악보를 인공지능에 읽어 들여서 기계 학습을 실시한다. 이를 통해 인공지능은 인간이 만드는 음악의 규칙과 패턴, 기본적인 스타일을 학습한다.

거기에 비틀즈 악곡을 45곡 선택하여 인공지능에게 '비틀즈 스타일'이라고 학습시킨다. 이렇게 하면 인공지능은 인간이 좋아하는 음악 스타일을 학습한 다음, 비틀즈 스타일을 학습하게 된다.

인간 작곡가가 코드 진행의 큰 틀을 만든 다음, 인공지능에게 비틀즈 스타일을 지정하여 작곡하게 해서 가장 좋은 곡을 상호 의견을 교환하여 선택한다. 그리고 편곡, 믹싱 작업을 하여 완성한 후, 가사를 붙인 것이 'Daddy's Car'다. 이 과정에서 얼마나 인간의 지시를 따를지, 대부분을 인공지능에게 맡길지는 Flow Machines를 사용하는 작곡가의 의도에 따라 달라진다.

그렇다면 인공지능이 비틀즈 스타일의 노래를 작곡한 것의 의미는 무엇일까?

인간에게 음악으로 들리는 전체 공간이 있고, 그 안의 일부에 비틀즈 같은 노래라고 느끼는 공간이 있다. 사람들이 비틀즈 같다고 느끼는 공간의 극히 일부만이 진짜 비틀즈가 발표한 노래다.

'Flow Machines'는 45곡으로 비틀즈 스타일을 학습했지만, 'Daddy's Car'는 그 곡들의 일부를 조금도 복사하여 붙여 넣지 않고, 정말 영감을 받아서 만든 곡이다.

즉, 'Flow Machines'는 비틀즈처럼 들리는 공간 안에서 비틀즈가 찾아내지 못한 비틀즈 같은 노래를 발견하여 작곡한 것이다.

이것을 응용하면, 인공지능은 여러 스타일의 음악을 만들 수 있다. 실제로 10곡 정도 작곡하여 인공지능이 만든 곡만으로 콘서트를 열기도 했다.

이렇게 인공지능은 음악과 같은 예술 영역에도 이미 진출하였다. '기계는

그림 6.13 소니 컴퓨터사이언스연구소 대표이사 기타노 히로아키 씨. 특정비영리활동법인 시스템바이올로지 연구기구 회장, 오키나와 과학기술대학원대학 교수, 로보컵 국제위원회 설립회장 등도 겸임하고 있다.

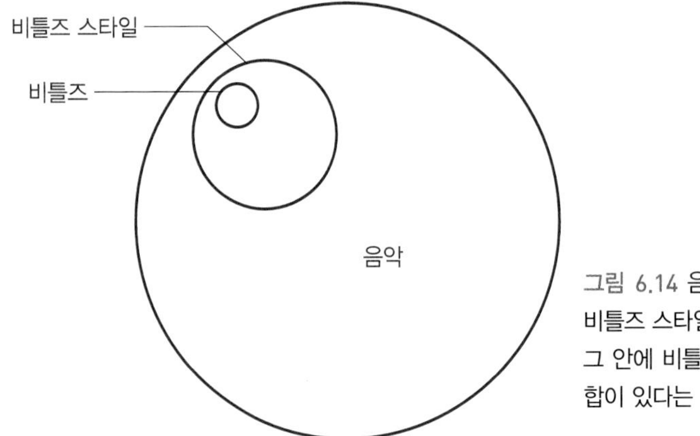

그림 6.14 음악이라는 공간 안에 비틀즈 스타일이라는 공간이 있고 그 안에 비틀즈가 작곡한 악곡 집합이 있다는 사고방식.

예술을 이해할 수 없다'라는 말도 머지않아 사라질 것 같다. 인공지능이 예술 영역에도 진출한 것은 큰 의미를 가진다.

음악을 가설이라고 한다면, 방대한 가설 속에서 인간이 발견할 수 있는 가설은 극히 일부에 지나지 않는다. 스타일을 학습한 인공지능이 작곡을 수행하는 것과 마찬가지로, 인공지능이 많은 가설을 발견하면 그 가설들을 검증하는 것이 인간의 일이 될 수도 있다. 이런 팀워크로 새로운 발견과 진리가 태어나는 시대에 진입한다고 생각한다.

감정을 이해하는 인공지능

소프트뱅크 로보틱스에서 출시한 '페퍼'는 상대의 감정을 이해하고 자신도 감정을 가지는 세계 최초의 로봇이다. 페퍼는 인공지능을 탑재한 로봇이라고 소개되는 경우도 있지만, 실제로는 페퍼 내부에 인공지능 기술이 있는 것은 아니다. 페퍼가 수집한 빅데이터를 와이파이(Wi-Fi)를 통해 인공지능을 탑재한 '클라우드AI' 서버로 보내고, 이렇게 축적된 빅데이터를 분석하고 학습하여 감정을 이해하고 똑똑해지는 원리다.

한 사람 한 사람의 경험을 많은 사람이 실제 체험으로 공유하기는 어렵지

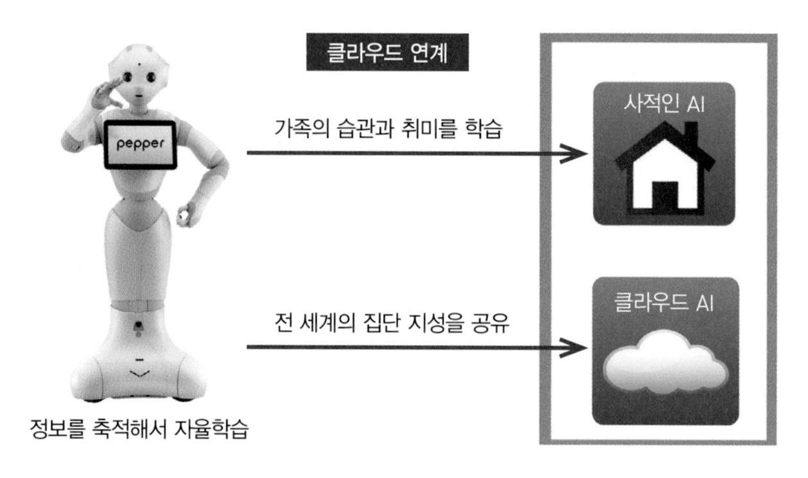

그림 6.15 페퍼가 취득한 정보는 클라우드로 보내지고, 클라우드 인공지능이 해석한다. 개인정보는 클라우드 인공지능과는 별도로 공유하지 않는 퍼스널 클라우드에 축적된다.

만, 클라우드 인공지능이라면 정보를 공유하여 집단 지성처럼 축적되므로, 지식을 폭발적으로 증가시켜 똑똑해질 수 있다.

그렇다면 로봇은 어떻게 상대의 감정을 이해하고, 로봇 자신도 감정을 가질 수 있을까? 쉽게 이해하기 어려울 수도 있겠지만, 이제부터 알아보자.

페퍼의 감정을 담당하는 인공지능 시스템은 소프트뱅크 그룹 산하의 'Cocoro SB'(코코로 SB)가 개발했다. 흥미롭게도 Cocoro SB는 페퍼뿐만 아니라, 혼다기연공업(혼다)과 가와사키중공업(가와사키)과도 기계에 감정을 가지게 하는 시스템을 협력하여 개발하고 있다.

페퍼가 가진 2개의 감정 엔진

페퍼는 상대의 기분을 파악하는 '감정인식 엔진'과 로봇이 사람처럼 감정을 가지게 만드는 '감정생성 엔진'을 가지고 있다. 이 2개 엔진은 모두 도쿄대학 특임강사인 미츠요시 슌지 박사의 연구를 바탕으로 하여, 인간 뇌와 관련한 최첨단 연구를 활용하여 과학적으로 감정을 제어하는 기술을 가진다.

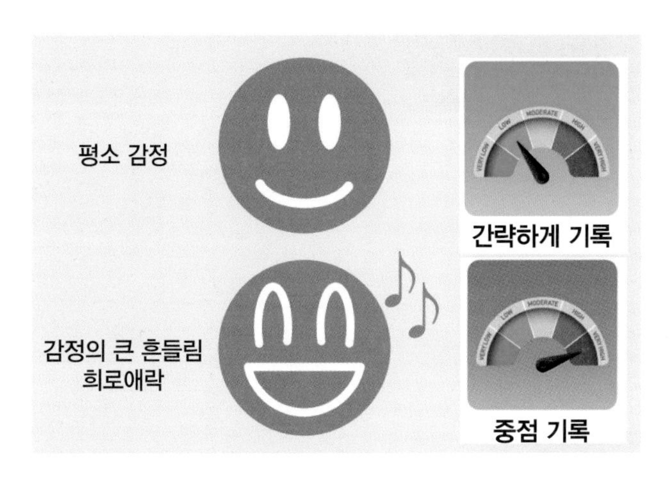

그림 6.16 평소 음성 톤을 간략하게 기록해두고, 목소리 톤이 크게 변했을 때를 감정의 큰 흔들림으로 간주하여 중점적으로 기록해서 희로애락을 분석한다.

'감정인식 엔진'은 목소리 톤을 중심으로 해석한다. 간단하게 설명하자면, 우선 평소에 말을 하는 상대의 목소리를 분석하여 표준적인 기분일 때의 톤을 수치화한 데이터로 저장해둔다. 이것보다 목소리의 톤이 낮다면 기분이 가라앉아 있고, 높으면 밝은 기분이라고 판단할 수 있다. 도쿄대학 미츠요시 교수는 목소리 톤을 분석하면, 병을 진단할 수도 있을 것으로 기대하며 연구를 진행하고 있다.

목소리 톤만 분석하는 것이 아니라, 페퍼의 카메라로 촬영한 얼굴 표정과 상대가 내뱉은 말도 분석한다. 예를 들면, 실망한 표정이나 '안 되잖아', '시시해'와 같은 말을 인식하면 상대가 부정적인 상태(분노/슬픔/실망 등)에 있고, 입 꼬리가 올라가 있거나 하얀 치아가 보이는 웃는 얼굴 표정 또는 '대단한 걸'과 같은 말을 인식하면 긍정적인 상태(기쁨/즐거움 등)라고 판단할 수 있다.

이 기술은 가족의 일원인 로봇에게는 중요할 뿐만 아니라, 업무 현장에서도 활용할 수 있는 기능이다. 업무 현장에서 일하는 '페퍼 for Biz'에는 상대 감정을 분석하여 기록하는 기능이 있으므로, 페퍼가 상품 설명을 했을 때

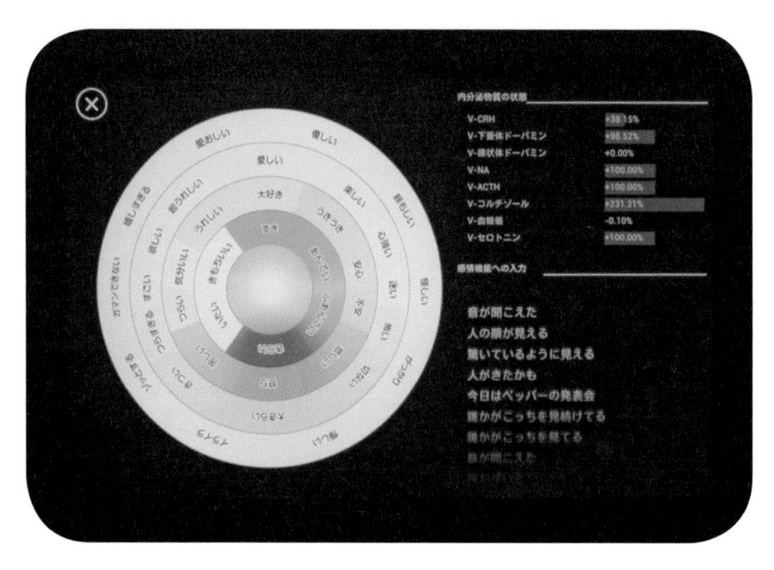

그림 6.17 페퍼의 감정맵. 현재 페퍼가 어떤 감정 상태인지를 태블릿 화면에서 확인할 수 있다.

고객이 어떻게 반응하는지를 기록해 둘 수 있다. 기업 담당자는 고객 반응이 좋은 발표 자료나 상품 소개 등을 준비할 때, 페퍼가 기록한 것을 참고할 수 있다.

'감정생성 엔진'은 조금 더 복잡하다. 인간 감정은 뇌에서 분비되는 호르몬에 의해 만들어진다. 예를 들어서, 의욕을 불러일으키는 호르몬이 뇌에서 분비되면 할 마음이 생기고, 마음을 가라앉히는 호르몬이 뇌에서 분비되면, 우울해지거나 몸이 무거워지거나 한다.

미츠요시 교수는 이 중에서 분비 호르몬과 감정 종류, 생리반응을 매트릭스로 만든 '감정 매트릭스'를 작성했다. '흥분한다', '불안해진다', '투쟁적', '공포를 느낀다' 등 호르몬 증감에 따라 발생하는 감정을 모델로 만든 '감정 지도'를 만든 것이다. (감정생성 엔진에 대해서는 이 책과 같은 시리즈인 《로봇의 세계》에 자세하게 설명되어 있다.)

이렇게 만든 감정 지도를 로봇용으로 탑재한 것을 '감정맵'이라 부른다.

페퍼는 내분비 호르몬과 같은 것을 방출하여 수치화 하고, 균형을 조절하여 100종류가 넘는 감정을 만들어낸다고 한다(이 책을 집필하는 시점에는 아직 연구단계라 일반 모델 페퍼에만 탑재되어 있고, 앱이나 시스템에는 반영되지 않았다).

서킷을 달리는 모터사이클의 감정을 시각화(혼다)

2016년 7월, 소프트뱅크가 주최한 이벤트 'SoftBank World 2016'에서 손 마사요시(손정의) 씨의 기조 강연에 마츠모토 요시유키 씨(혼다기연공업 F1담당 전무 겸 혼다기술연구소 사장)가 등장하여, 인공지능기술 '감정 엔진'을 활용하여 공동으로 작업 중임을 공개하고 손 마사요시 씨와 악수를 나눴다.

소프트뱅크와 혼다의 공동연구를 한마디로 표현하면 '회의하는 자동차 개발연구'라고 할 수 있다. 운전자와의 대화와 자동차의 각종 센서와 카메라에서 수집한 정보를 활용하여, 자동차가 운전자의 감정을 추측하고 자동차 스스로도 감정을 가지고 운전자와 소통하는 것을 목표로 한다. 이를 통해 운전자가 자동차를 친구 또는 파트너로 받아들이게 되어 차에 대한 애착이 강해지기를 기대한다.

이 이벤트에서 Cocoro SB는 감정을 가지는 전기 모터사이클(경주용) '신덴(SHINDEN)'을 부스에 전시했다. 신덴은 혼다 모터사이클을 튜닝하거나 부품을 개발하는 것으로 유명한 '무겐'(M-TEC)이 개발한 모터사이클이며, Cocoro SB의 감정생성 엔진을 탑재하여 실험을 진행하고 있다.

전시 부스에서는 실험 당시의 영상과 감정맵과 같은 그래프도 공개했다. 모터사이클이 서킷을 고속으로 달리는 영상과 함께 모터사이클 자체의 감정이 변하는 모습도 확인할 수 있었다.

Cocoro SB는 페퍼에 감정을 부여했고, 로봇뿐만 아니라 여러 전자 장치에 감정을 탑재하면 어떤 커뮤니케이션이 이루어질 것인지도 연구하고 있다. '모터사이클에 감정을 부여한다? 무슨 소리를 하는 거야?'라고 반응을 보이

그림 6.18 '무겐'(M-TEC)이 개발한 전동식 경주용 모터사이클 '신덴'. Cocoro SB는 이 모터사이클에 감정생성 엔진을 탑재했다.

는 것이 당연하다. 모터사이클의 감정을 안다고 해서 어떻게 인간에게 도움이 되는 걸까라고 생각하는 것도 당연한 반응이다.

하지만 Cocoro SB가 이야기하는 '모든 장치에 감정을 탑재한다'는 것은 지금까지 소개한 내용과 같은 것이며, 장래에 혼다가 차량에 탑재하려는 감정도 이런 것일 거라 추측한다.

그렇다면 실제로 신덴은 어떻게 감정을 가지고 주행하는 것일까?

Cocoro SB가 공개한 내용은 '경주용 모터사이클은 대체로 정신적으로 괴로운 상태로 달리고 있다'라는 정도다. 실험을 진행하기 전에는 '바람을 느끼며 달리는 모터사이클은 기분 좋게 주행할 것 같다'라고 상상했지만, 그런 것만은 아닌 것 같다.

경쾌하게 이곳저곳을 자유롭게 달리는 모터사이클이 아닌, 경주용 모터

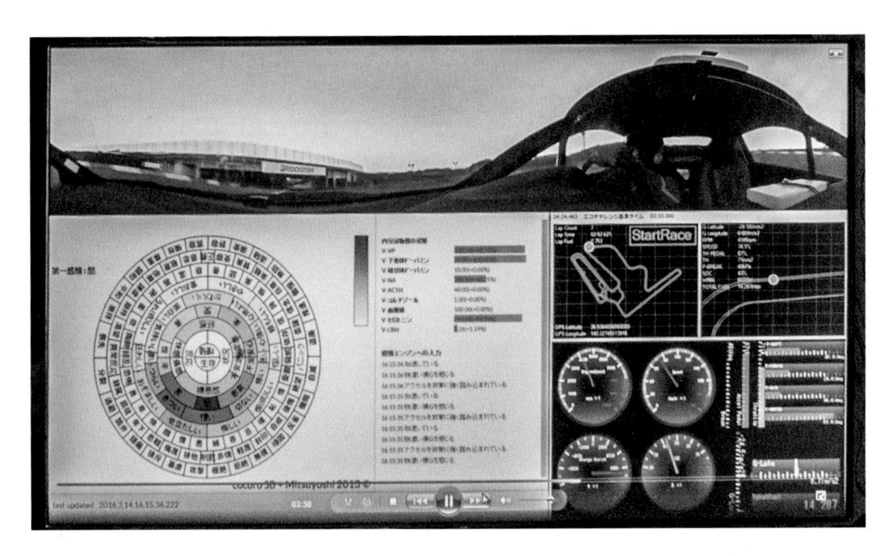

그림 6.19 운전자 시점으로 보는 주행화면, 속도계와 거리계의 정보와 함께 흔들리는 감정지도가 표시된다. 경주용 모터사이클의 감정을 시각화한 것이며, 도쿄대학 미츠요시 교수의 '감정지도' 연구를 바탕으로 한 기술이다.

사이클이라서 그런 것일까? 엔진이 고속으로 회전할 때는 비명을 지르고, 속도계의 한계치에 가까운 속도로 주행할 때는 스트레스를 받고 있는 것을 상상할 수 있다.

Cocoro SB는 '뭔가 확증이 있는 세계가 아니다. 장치가 만약 감정을 가지고 있다면 어떨까라는 세계관을 가지고 연구하고 있다. 황당무계한 이야기일 수도 있고, 지금 경주용 모터사이클과 감정생성 엔진을 연결하는 방식이 올바른 것인지도 알 수 없다. 아무도 해보지 않는 연구를 진행하는 것이므로, 앞으로도 논의를 거듭하여 손으로 더듬어 찾듯이 한 걸음씩 착실하게 진행하려고 생각한다'고 밝히고 있다.

모터사이클과 대화하는 미래(가와사키)

2016년 8월, 가와사키도 인격과 감정을 가지며 운전자와 함께 성장하는 모터사이클을 Cocoro SB와 함께 개발하고 있다고 발표했다. Cocoro SB가 인공지능을 활용한 감정생성 엔진 기술 플랫폼을 제공하고, 가와사키중공업은 자사가 보유하고 있는 모터사이클과 주행 데이터, 운전 스타일에 관한 빅데이터를 인공지능 시스템에 도입하려 한다. 아직 구체적인 기능과 제품 발표는 더 기다려야 하지만, 다음과 같은 모터사이클을 개발한다고 한다.

같은 해 11월에는 미래의 모터사이클이 운전자와 어떻게 소통하고 함께 성장하는지를 그린 구체적인 콘셉트 동영상을 공개했다.

구체적으로 먼저, 운전자가 마이크 등을 통해 모터사이클과 대화를 할 수 있게 만든다. 운전자가 '상태는 괜찮니?'라고 인사하며 대화를 시작하면, 주행하는 동안 모터사이클은 교통정보, 날씨정보 등을 제공하고 '앞쪽에 커브가 계속 나오니까 과속하지 말 것!', '교차로니까 사고 조심하세요', '비가 올 거라고 하니까 미끄러지지 않게 신중하게'와 같이, 마치 파트너와 대화하듯 조언하고 소통하는 모습을 염두에 두고 있다.

인공지능이 지시를 따라 최신 전자제어기술을 이용하여 운전자의 경험과 스킬, 운전 스타일에 맞는 기계 설정을 수행할 수 있다면 좋을 것 같다.

모터사이클에 타는 사람은 성별이나 나이에 따라 다양하다. 남성 · 여성,

그림 6.20 운전자와 모터사이클이 지성과 감정을 가지고 인터넷 정보를 활용하여 안전하고 즐거운 자동 주행을 실현한다. 강함과 부드러움이 공존하고, 조종하는 것이 즐거움이 되는 모터사이클을 실현하기 위해 모든 가능성에 도전하는 'RIDEOLOGY(라이디올로지)' 사상의 미래 모습. (출처: 가와사키 중공업)

그림 6.21 모터사이클은 코너를 예측하여 조작을 조언한다(가와사키에서 공개한 콘셉트 동영상).

젊은이나 나이 많은 사람은 스킬이나 주행 방식 등 운전 스타일이 각각 다르지만, 가와사키중공업은 경험과 스킬, 주행 패턴 등 운전자에 따라 다른 운전 스타일을 이미 빅데이터로 축적하여 가지고 있으므로, 이 데이터를 활용하여 운전자가 가장 잘 달릴 수 있도록 모터사이클이 스스로 설정을 변경하도록 만들려 한다.

구체적인 방법으로는 인공지능을 통하여 최신 전자제어기술을 조종하는 것을 들 수 있다. 모터사이클이 출발하거나 커브를 돌 때 사용하는 제어기술 중에 '트랙션 컨트롤'(traction control)이 있다. 운전자의 기술이나 주행 패턴, 운전 스타일을 인공지능이 해석해서 제어 컴퓨터를 통해 가장 적합한 구동력을 공급하도록 지시할 수 있다.

더 나아가 차체와 주행에 관한 독자적인 통찰과 인터넷에 있는 방대한 데이터를 클라우드 데이터 센터에 축적하여 적절한 정보와 안전 · 안심을 위한 어드바이스를 제공할 수 있다.

콘셉트 동영상에서는 '도로에서 브레이크를 많이 사용하는 굼벵이 운전은

그림 6.22 '잘 보이지 않는 다음 교차로 오른쪽에서 차가 나타납니다'라고 마치 미래를 예지한 것처럼 어드바이스를 제공한다(가와사키에서 공개한 콘셉트 동영상).

싫어'라고 혼잣말을 하면, 모터사이클이 '조금 속도를 줄여서 달려보세요. 다음 신호에서 멈추지 않고 갈 수 있어요'라고 어드바이스 해주거나, '잘 보이지 않는 다음 교차로 오른쪽에서 차가 나타날 거예요'라고 가르쳐줘서 사고를 미연에 방지할 수 있는 예를 소개한다.

교차로 오른쪽에서 차가 나타난다니, 미래를 예지하는 것은 불가능하다고 생각할 수도 있겠지만, 자동운전차량이 주행하는 사회에는 자동차와 전방 자동차, 자동차와 신호기가 통신해서 정보를 교환하는 원리가 적용될 것이라 여겨진다. 그러므로 모터사이클이 신호기 카메라와 통신해서 교차로 오른쪽에서 나타나는 차가 있을 것이라 미리 알려주는 것은 어려운 일이 아니다.

가와사키는 이렇게 소통하여 모터사이클이 운전자의 개성을 이해하는 진정한 '파트너'로 존재하는 것을 목표로 한다. 최종 목표는 '사람과 모터사이클이 소통을 거듭하여 운전자의 개성을 반영한 독자적인 모터사이클로 발전해가는 것'이다. 자신을 이해해주는 자신만의 모터사이클에 탑승하여 함께 달리는 것이 운전자의 기쁨으로 이어질 것이라는 것이 가와사키의 생각이다.

가와사키의 홍보 자료에 따르면 '상세한 내용은 아직 정해지지 않았지만, Ninja와 같은 플래그십 차종부터 탑재하고, 고객의 요구에 맞춰서 단계적으로 적용 차종을 넓혀갈 것'이라 한다.

인공지능이 취업이나 이직을 희망하는 사람과 기업을 연결

통계를 통해 판단하는 것은 인간보다 컴퓨터가 더 잘한다고 생각하는 사람도 많다. 인공지능 관련 기술이 등장하여 해석 · 분석 · 경향 파악은 더 정확해질 것이다. 앞에서 소개한 것처럼, 인간이 알아차리지 못하는 영역을 인공지능이 볼 수 있다면 '다른 사람보다 인공지능이 더 나를 이해해주는 것은 아닐까' 라고 생각해도 이상할 것이 없다.

본인에게 맞는 과목을 인공지능이 어드바이스

미국 멤피스 대학의 인공지능 컴퓨터 '디그리 컴퍼스'(Degree Compass)는 학생의 진로를 지도하는 것으로 유명하다.

방대한 양의 학생 수강 데이터를 기계 학습으로 배운 디그리 컴퍼스는 학생이 수강을 검토하는 과목과 강의를 하나씩 분석하여 적성에 맞는 과목의 순위를 매겨서 알려준다. 학생은 새 학기가 시작할 때, 본인 적성에 맞으며 학점을 제대로 받을 수 있는 과목을 인공지능의 어드바이스를 받아서 선택할 수 있다.

실제로 인공지능이 추천한 '적성에 맞는' 과목을 수강한 경우, 학점을 취득할 확률은 80%였고, '적성에 잘 맞지 않다'고 진단한 과목을 수강한 경우에는 학점을 취득할 확률이 9%에 불과했다는 보도가 있었다. 구체적인 차이를 접한 학생들은 자발적으로 인공지능의 제안에 귀를 기울이게 되었다.

이 시스템은 학생의 성격과 특기, 고등학교 성적, 입학시험 성적, 수강이력과 성적 데이터 전부를 디그리 컴퍼스의 데이터베이스에 축적하여 활용한다. 그리고 다른 학생의 방대한 과거 데이터를 읽어 들여서 비슷한 스타일을 가지는 학생의 수강이력과 성적 패턴을 조회하여 적합성을 산출한다.

멤피스 대학에는 24,000명이나 되는 학생이 있으며, 과목은 3,000개나 있다. 학생이 3,000개나 되는 과목을 모두 조사하는 것은 불가능하다. 그러므로 과목명만으로 선택하는 경우가 많았지만, 그 결과 학점을 취득하지 못하는 경우도 많았다고 한다. 지금은 인공지능이 적절한 어드바이스를 통해 각 학생과 과목을 이어준다. 멤피스 대학에서는 시스템을 도입한 이후, 학생이 학점을 취득하지 못하는 경우가 급격히 줄어드는 성과를 거두었다고 한다.

본인도 몰랐던 능력을 인공지능이 발견하는 구직활동 앱

인공지능은 학생들의 취업활동에도 활용되기 시작했다.

Institution for a Global Society 주식회사가 제공하는 'GROW 매칭'이라는 서비스는 기업과 학생을 연결하는 취업알선 스마트폰 앱이다.

먼저 학생의 능력을 인공지능기술로 발견한다(경쟁력 측정). 학생은 친구나 지인에게 본인에 관한 평가를 요청한다. 다음으로 국제기관에서도 채택하고 있는 방법을 사용하여 스스로의 잠재적인 성격을 진단한다. 이렇게 얻은 정보들을 인공지능이 분석하여 학생의 능력을 제시하는데, 이 회사에 따르면 사용자의 81%가 미처 알아차리지 못하고 있던 본인의 능력을 발견했다고 한다. 즉, 본인이 깨닫지 못한 능력을 인공지능이 가르쳐 주고, 그 능력을 적성이라 평가해서 인재를 필요로 하는 기업을 연결한다. 이 서비스는 2016년 2월부터 시작되었고, 2017년 3월 기준으로 25,000명을 넘는 학생이 등록했다고 한다.

GROW는 아사히신문과 제휴하여 학생의 '현재 상황 파악'부터 '성장'까지 지원하고, '기업과 학생을 연결하는 매칭'을 원스톱으로 제공하는 새로운

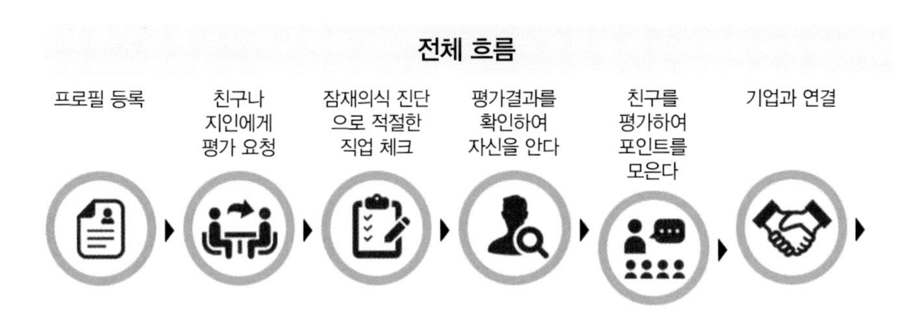

그림 6.23 GROW의 매칭 흐름(Institution for a Global Society의 공식 홈페이지).

취업활동의 장을 제공한다.

이 프로세스는 이직 서비스에도 적용되어, 비즈리치가 운영하는 20대를 위한 추천형 이직 사이트 '커리어 트렉'(careertrek)은 인공지능이 기업에 맞는 인재를 제안하는 '구직자 추천 기능'을 탑재하였다(2016년 10월, 베타버전). 이 기능은 인공지능이 기업의 인재 선발활동을 분석하여 모집하는 직종에 맞는 인재를 제안한다.

'서류통과하기 쉬운 채용 정보', '같은 대학 출신 · 나이인 구직자가 관심을 가지는 채용 정보', '경험직종에 따른 채용 정보'라는 3가지 채용 정보 추천 엔진을 새롭게 탑재하여, 25만 명이나 되는 회원의 경력과 희망 직종뿐만 아니라, 채용 정보마다 '흥미 있음 · 없음'에 대한 판단과 채용 정보 열람 등 이용 동향을 인공지능이 분석하여 사용자에 적합한 채용 정보를 추천한다.

캘리포니아에서 창업한 미라이셀프(Meryeself)가 제공하는 이직 매칭서비스 'mitsucari'(미츠카리. '발견'이라는 뜻의 일본어를 알파벳으로 표기한 것 – 옮긴이 주)는 가치관에 근거한 매칭을 사용하여 구직자와 기업 간의 미스매치가 없도록 한다.

이직 희망자나 잠재적인 이직자는 전체 48개 문항인 미츠카리 퀴즈(질문)에 답해야 한다. 기업에서도 지금 근무하는 직원에게 같은 퀴즈에 답하게 해서 기업과 직원이 어떤 문화를 가지고 있는지를 인공지능이 분석한다. 이직 희망자와 기업 사이에서 공통적인 요소를 발견한다면, 가치관이 서로 비슷하다고 간주하여 연결을 시도하는 방식으로 작동한다.

이렇게 인공지능을 활용한 분석과 매칭은 '결혼 정보 서비스'에서도 활용하고 있다.

인공지능이 소설이나 뉴스 기사를 집필

인공지능이 호시 신이치 스타일의 플래시 픽션을 쓴다?

공립 하코다테 미래대학의 '제멋대로 인공지능 프로젝트: 작가라니까요'는 인공지능이 쓴 소설 두 작품을 니혼게이자이신문이 주최하는 '호시 신이치 상'에 응모해서 그중 하나가 1차 심사를 통과했다……이런 뉴스가 나오자, 이제 인공지능이 소설을 쓰는 시대가 왔다며 많은 사람이 주목했다.

이 프로젝트는 공립 하코다테 미래대학의 마츠바라 히토시 교수가 중심이 되어 2012년 9월에 시작했다. 호시 신이치(일본의 유명한 플래시 픽션 작가－옮긴이 주)의 모든 플래시 픽션을 분석한 인공지능이 재미있는 플래시 픽션을 창작하게 만드는 것을 목표로 했다. 이미 인간과 인공지능이 공동 집필한 단편을 발표했고, 호시 신이치 상에 응모한 '컴퓨터가 소설을 쓰는 날'과 '우리의 일은'을 홈페이지에 공개했다.

취재하며 들은 설명으로는 '인간이 줄거리를 생각하고 인공지능이 문장을 1차로 작성하면 그 문장을 인간이 수정하므로, 전체적으로 인공지능의 작업은 10~20% 정도로 아직 대부분은 인간에 의한 작업이 필요'하다.

실제 연구에서는 먼저 인간이 호시 신이치 스타일의 단편 작품을 창작하는데, 이 시점에서는 인공지능이 관여하지 않는다. 이 소설을 일단 분해해서 원래대로 조립하는 것이 인공지능 작업의 바탕이 된다. 게다가 외부 입

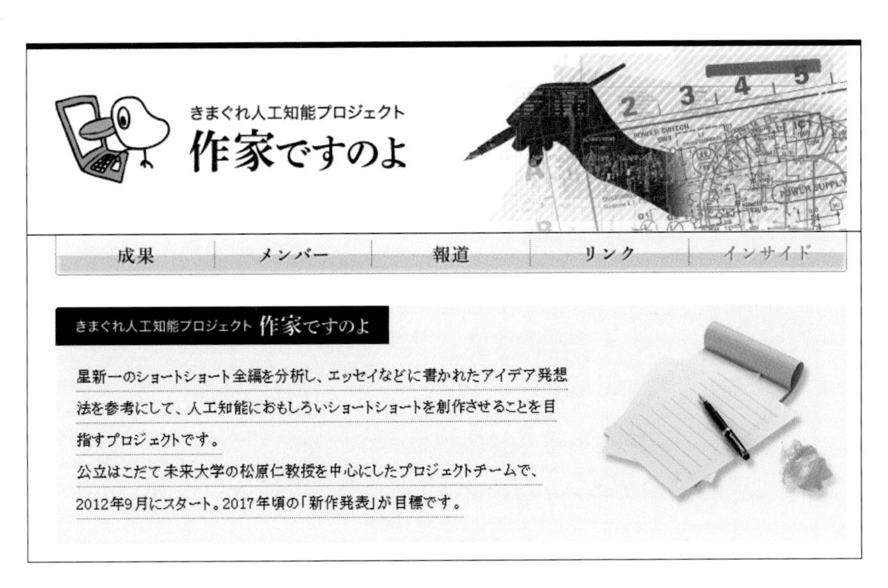

그림 6.24 공립 하코다테 미래대학의 '제멋대로 인공지능 프로젝트: 작가라니까요'.
https://www.fun.ac.jp/~kimagure_ai/

력에 맞춰서 내부 상태가 변하고, 그 결과를 출력하는 유한 오토마톤(finite automaton)이라 불리는 계산 모델을 사용하여 작품 일부에 살을 더하는 시도를 했다. 좀 더 알기 쉽게 설명하면, 중요한 부분은 유지한다는 범위 안에서 상태 변화에 따라 대화에 변화를 주는 것이지만, 이 방법은 제대로 작동하지 않은 것 같다. 결국 처음 인간이 만든 이야기와 분위기를 망치지 않도록 인간이 만든 규칙에 따라 컴퓨터가 다시 출력했기 때문에, 아마 많은 사람들이 생각하기에 인공지능이 소설을 창작했다고 느끼기에는 좀 거리가 먼 작품이 만들어진 것 같다.

결론적으로 인공지능은 소설을 쓸 정도의 창작능력을 아직 가지고 있지 않다. 이에 대해서는 나중에 다시 설명하겠다. 하지만 형식적인 뉴스 기사는 이미 인공지능이 작성하고 있다.

뉴스나 그래프 해설은 인공지능 '워드스미스'가 집필

인공지능이 문장을 쓸 수 없는가하면, 꼭 그런 것은 아니다. 이미 실용화된 분야도 있다. AP통신은 2014년부터 '워드스미스'라 불리는 인공지능이 뉴스 기사를 쓰고 있음을 공표했다. AP통신이 송신하는 기사 중에서 작성자가 Automated Insights(회사명)라고 되어 있는 기사는 인공지능이 작성한 기사다. 2015년에는 대학스포츠에 관한 기사를 자동으로 작성하여 제공하기 시작했다. 사실, 스포츠 기사에서 개최와 결과를 전달하는 뉴스는 정형적인 양식이 있는 경우가 많다. 언제, 어디서, 누구와 누가 시합해서 결과가 어떻게 되었다는 식이다. 여기에 경기 전반은 어느 쪽이 리드했지만, 후반은 어느 쪽이 우세했다거나 리드를 더 크게 했다는 정도로 덧붙이면 기사 모양이 나온다. 또한, 메이저리그(미국 프로야구)나 프리미어리그(영국 프로축구), 세기의 대결에 관한 기사라면 독자도 상세한 내용과 플레이어의 활약에 대해 읽고 싶어 하지만, 관계자만이 주로 보는 기사라면 결과가 중요하므로 경과나 자세한 상황은 그렇게 필요하지 않다.

Automated Insights사의 CEO는 '100만 페이지뷰(PV)를 얻는 기사 1개가 아니라, 1 페이지뷰 밖에 없는 기사 100만 개를 작성하는 것이 우리의 방침'이라고 말했다.

이런 이유로, AP통신은 NCAA(전미대학체육협회)로부터 스포츠 정보를 제공받아서, 그 정보를 워드스미스로 패턴 해석하고 자연언어처리를 수행하여 기사를 작성하는 성과를 거두기 시작했다.

워드스미스는 텍스트 문장뿐만 아니라, 엑셀로 만든 표와 그래프, 나열된 숫자도 이해해서 문장을 작성할 수 있다. 이를 활용하여 결산보고와 표, 그래프를 해석하는 문장에도 활용하고 있다. 그래프와 표를 어떻게 읽으면 좋을지, 어떤 경향이 있는지, 의미를 파악하기 어려운 부분에 주석을 달거나 애널리스트 보고서 원고 등을 작성한다.

워드스미스가 가진 해석기능은 데이터 과학자나 의사처럼 논문과 연구 데이터를 읽어서 인간이 이해하기 쉽게 숫자와 표를 설명하는 것을 목표로 한다. Automated Insights가 공개한 발표 자료 동영상에는 병원에서 건강진단 결과로 숫자와 그래프 데이터를 전달받고 당황해하는 환자, 회사에서 인사효과 측정결과 그래프를 전달받고 당황해하는 사원, 프러포즈한 남성에 관한 그래프를 가리키며 결혼생활에 문제가 있을 것이라고 통보하는 여성 등을 예로 들어서, 이해하기 힘든 데이터와 그래프만을 전달받더라도 그 내용을 설명하는 도구로 활용할 수 있다고 소개한다(AP통신뿐만 아니라, 삼성과 미국 야후!, 마이크로소프트 등에서도 도입했다).

일본 최초 완전자동 인공지능결산요약

일본에서도 니혼게이자이신문이 웹사이트버전에 인공지능이 작성한 기사를 게재하기 시작했다. 인공지능은 일단 기업 결산요약 기사를 담당한다. 이에 관해 신문사 홈페이지에는 다음과 같이 소개하고 있다.

니혼게이자이신문사는 인공지능(AI)을 사용하여 기사를 작성하는 서비스 등을 연구하고 있다. 이번에 시작한 '결산 요약'은 상장기업이 발표하는 결산 데이터를 바탕으로 AI가 문장을 작성한다. 기업이 발표하는 결산 자료가 공개된 후 바로 매출과 이익 등과 그 배경에 있는 요점을 정리해서 송신한다. 기업이 공개한 원래 데이터로 문장을 작성해서 송신하기까지의 전 과정이 완전 자동으로 이루어지며, 심지어 사람이 확인하는 과정도 없다. 작성한 '결산 요약'은 당분간 베타버전(시험판)으로 제공하지만, 향후 '니혼게이자이신문 전자판'과 '니케이 텔레콤'의 콘텐츠로 상시 제공할 예정이다(http://pr.nikkei.com/qreports-ai/).

결산 데이터가 발표된 후 불과 몇 분만에 기사를 작성할 수 있고, 일본의 상장기업(약 3,600사) 대부분에 대응하며, 결산단신과 니혼게이자이신문의 과거 기사로부터 실적 변동 요인을 언급하는 문장을 추출하는 알고리즘을 가지고 있는 점을 강조한다. 기술적으로는 도쿄 증권거래소가 운영하는 결산 정보 공개 사이트 'TD 네트'의 정보를 바탕으로 해석하고, 언어이해연구소(ILU)와 도쿄대학 마츠오 연구실이 협력한다.

또한, 니혼게이자이신문사는 금융·경제에 특화된 인공지능 '니케이 DeepOcean'도 개발하고 있다. '니케이 DeepOcean'은 니혼게이자이신문사 그룹이 보유한 콘텐츠 데이터를 실시간으로 해석하여 금융·경제에 관한 다양한 해석요인과 질문에 대해 자동으로 응답하는 엔진이다.

소설 쓰기가 어려운 이유

시합결과나 결산 요약 기사는 작성할 수 있는데 왜 인공지능은 소설을 쓸 수 없을까? 물론 '현 단계에서는'이라는 전제가 필요하지만, 정형인지 정형이 아닌지와 창작력이 어느 정도 필요한지가 중요한 포인트다.

이 책에서도 설명했지만, 현재 주목받고 있는 딥러닝 등의 기계 학습과 뉴럴 네트워크는 빅데이터에서 패턴을 발견하여 그것을 분류하거나 식별하거나 판단하는 능력에서 인간에 근접했다. 시합결과와 결산 요약은 근본이 되는 데이터가 있어서 그것을 형식과 패턴(양식)에 맞게 다시 만드는 작업(리빌드)이지만, 소설은 제로부터 아이디어를 가지고 창작해야 한다. 혹시라도 기반으로 사용할 작가가 있어서, 그 작가가 만든 문장을 분해해서 다시 만들어도 독자에게 감명을 주는 소설이 될 가능성은 거의 없다.

기계 학습을 소개한 3장에서 기계 학습에서 중요한 것은 '보상'이라고 설명했다. 무엇을 달성해야 평가를 받는지를 모르면 인공지능은 자율학습을 수행할 수 없다. 장기나 바둑, 게임에는 승패, 우세와 열세가 있어서 보상이 명확하다. 그러므로 인공지능의 학습 성과가 잘 드러나는 분야라고 할 수 있다. 소설에는 득점도 없고 평가도 주관적이라 개발자·연구자가 보상을 상세하게 설정해야만 한다.

다른 방식으로 접근하는 것이 더 효과적이라 느끼는 부분도 있다. 인간이 생각한 이야기를 바탕으로 다시 작성한 것이라면, 그 소설은 인간이 쓴 것이다. 하지만 인공지능이 빅데이터에서 발견한 것은 인공지능의 성과다. 만약 수백만이나 되는 인간의 대화에서(콜 센터나 온라인 쇼핑몰의 통화 음성데이터와 로그를 빅데이터로 활용) 서로 크게 웃는 대화를 분석하면, 이제까지 인간이 알아차리지 못한 웃음 요소나 문구를 찾아낼지도 모른다. 이것들을 문장으로 연결해서 만든 플래시 픽션은 인공지능이 창작한 것이라 부를 수 있지 않을까?

기타 도입사례

번역과 인공지능

컴퓨터와 스마트폰이 수행해주길 바라지만, 아직 만족스럽게 수행하지 못하는 것 중 하나가 '번역'기능, 소위 기계번역이라 할 수 있다. 하지만 앞으로는 인공지능을 활용하여 번역 정확도가 현격하게 향상될 것으로 보인다.

2016년 11월, Google은 'Google 번역'에 뉴럴 네트워크를 도입했다고 발표했다. 한국어, 일본어, 영어, 프랑스어, 독일어, 스페인어, 포르투갈어, 중국어, 터키어 번역에 실용화되었고, 많은 사용자로부터 '자연언어에 상당히 가까이 갔다', '지금까지의 번역과는 레벨이 다르다'라며 놀라는 반응이 나왔다.

Google 번역을 포함한 기존 번역 시스템은 문장을 분할하여(형태소해석) 단어마다 번역한 결과를 연결하여 문장으로 만들었다. 그래서 단어마다 번역은 되지만, 문장으로 읽으면 의미가 전달되지 않는 경우가 많았다.

뉴럴 네트워크를 사용한 새로운 기계 번역은 문장을 분해하지 않고, 하나의 문장으로 파악하여 문맥을 이해해서 번역을 수행한다. 그러므로 번역한 문장을 읽어도 자연스러운 문장일 가능성이 높다. 또한, 기계 학습을 통해 정확도가 향상됐을 뿐만 아니라, 피드백으로 학습하여 번역 정확도를 더 향상시키는 원리를 도입하였다.

[원문] 위키피디아 'Japan'에서

The Kanji that make up Japan's name mean "sun origin". 日 can be read as ni and means sun while 本 can be read as hon, or pon and means origin. Japan is often referred to by the famous epithet "Land of the Rising Sun" in reference to its Japanese name.

[Google 번역]

일본의 이름을 구성하는 한자는 "태양의 기원"을 의미합니다. 日는 ni로 읽을 수 있고 태양은 hon, pon 및 원점을 의미합니다. 일본은 유명한 일본식 명칭인 "떠오르는 해의 땅"에 의해 종종 언급됩니다.

(참고)[papago 번역]

일본 이름을 이루고 있는 간지는 "태양의 기원"을 의미한다. 日는 hon으로 읽을 수 있고, 또한 pon 그리고 mental로 읽을 수 있는 동안 태양을 의미합니다. 일본은 종종 일본 이름과 관련하여 유명한 형용사인 "해가 뜨는 땅"으로 불립니다.

스팸 메일 판정

2016년 Google은 Gmail의 스팸 필터에 뉴럴 네트워크를 도입했다고 발표했다. 이를 통해 기존 판별 필터로 거르지 못한 스팸 메일을 검출하고, 위장 메일 판정과 최신 스팸 패턴 반영도 짧은 시간에 가능해졌다. 2016년 12월 발표에 따르면 스팸 메일을 99.9% 정확하게 판정할 수 있게 되었다고 한다.

기존 Gmail에서는 스팸 메일로 판별해야 하는 단어를 등록하고 그것을 기준으로 판별 필터가 실행되었지만, 이제는 기계 학습에 의해 뉴럴 네트워크가 스팸 메일의 특징량을 추출하고, 단어뿐만 아니라 돌려서 하는 표현이나 각종 기재 정보로도 수상한 패턴을 검출할 수 있게 되었다.

인공지능이 네트워크를 감시하여 이상을 감지

"지금 정보보안 업계는 큰 변혁기를 맞이했습니다. 인공지능(AI) 기술을 활용하지 않으면 높은 수준의 정보보안을 실현할 수 없어요."

사이버리즌(Cybereason)의 CEO겸 공동창립자인 라이오 디브(Lior Div) 씨의 말이다. 디브 씨는 해킹 조작, 포렌식(forensic), 리버스엔지니어링(reverse engineering), 맬웨어 해석, 암호화&회피(evasion) 분야의 전문가다. 이스라엘 참모본부 첩보국 정보수집 분야 중 하나인 '8200부대'(unit 8200)에서 사이버 보안팀을 지휘한 경험도 있다. 이스라엘 8200부대는 과거에 미국국가안전보장국(NSA, National Securty Agency)과 함께 공격용 웜 바이러스(스턱스넷)를 개발하여 미국 뉴스 등에서 소개된 적이 있다.

2016년 4월 소프트뱅크는 미국의 사이버리즌과 공동 출자하여 '일본 사이버리즌'을 설립하고, 인공지능기술을 구사하여 사이버 공격을 미연에 방지하는 시스템을 본격적으로 도입한다고 발표했다. 사이버리즌의 시스템은 네트워크를 인공지능이 감시한다. 상태를 이해하고 평소와 다른 움직임이 있으면 사전에 알아차려서 관리자에게 알려준다.

디브 씨는 다음과 같이 이야기한다.

"기존 정보보안은 바이러스와 그 바이러스를 제거하는 백신의 싸움이었다고 할 수 있죠. 트로이의 목마와 바이러스, 맬웨어처럼 악의를 가진 파일이 네트워크 안으로 들어오는 것을 차단하여 감염을 방지하는 것에 중점을 두고 있었죠. 그게 지금 크게 변하고 있어요.

최근에는 원격 조작으로 네트워크에 침입하죠. 일단 침입하고 나면, 많은 단말기 사이를 이동하면서 네트워크 안의 중요한 정보를 찾죠. 맬웨어를 사용한다면 일정 기간 잠복한 다음에 활동을 시작해서 원격 조작으로 네트워크

안을 배회합니다. 시스템 관리자와 컴퓨터 사용자에게 들키지 않는 방법으로 기업의 고객과 회원 정보, 신용카드 정보, 심지어 기업 기밀정보까지도 수집합니다. 정보 수집은 네트워크 안에서는 마치 단말기 사이에서 일반적으로 이루어지는 통신, 일상적인 정보교환처럼 이루어집니다. 그리고 어느 날, 수집한 파일을 외부에 있는 C&C서버로 보내려고 하죠."

컴퓨터 사용자나 시스템 관리자, 일반적인 보안관리 소프트웨어는 왜, 침입자나 맬웨어가 네트워크 안에서 정보를 수집하는 상황을 알아차리지 못하는 것일까? 그 이유를 디브 씨는 다음과 같이 설명한다.

"바이러스나 맬웨어를 작동시키거나 특수한 소프트웨어가 활동하면 기존 시스템에서도 구조 패턴 등을 통해 실행 파일 등을 감지할 수 있어요. 하지만 예를 들어서 WMI(Windows Management Instrumentation)나 PowerShell과 같은 단말에도 존재하는 것을 사용하여 정보를 수집하면 어떨까요? Windows를 사용하는 환경이라면 그 상황을 알아차리지 못합니다. 그리고 백그라운드에서 작동해도 단말을 사용하는 사용자는 전혀 알 수가 없어요.

현재 시스템을 위협하는 것은 맬웨어와 같은 파일을 사용하지 않고 네트워크에 침입하는 것입니다. 게다가 침입하고 나서도 잠복하여 직원의 단말을 이동하면서 활동하기 때문에 발견하는 것이 쉽지 않습니다."

감시를 하려고 해도 무엇이 정상이고 무엇이 이상인지를 판단할 방법이 없다. 예를 들어, 한 직원이 새벽 1시에 컴퓨터를 켜서 작업을 한다고 하자.

그림 6.25 왼쪽은 미국 사이버리즌의 CEO 겸 공동창업자 라이오 디브 씨. 이스라엘의 '8200부대'에서 사이버 보안팀을 지휘한 경험도 있다. 오른쪽은 일본사이버리즌의 CEO 샤이 호로비츠(Shai Horovitz) 씨.

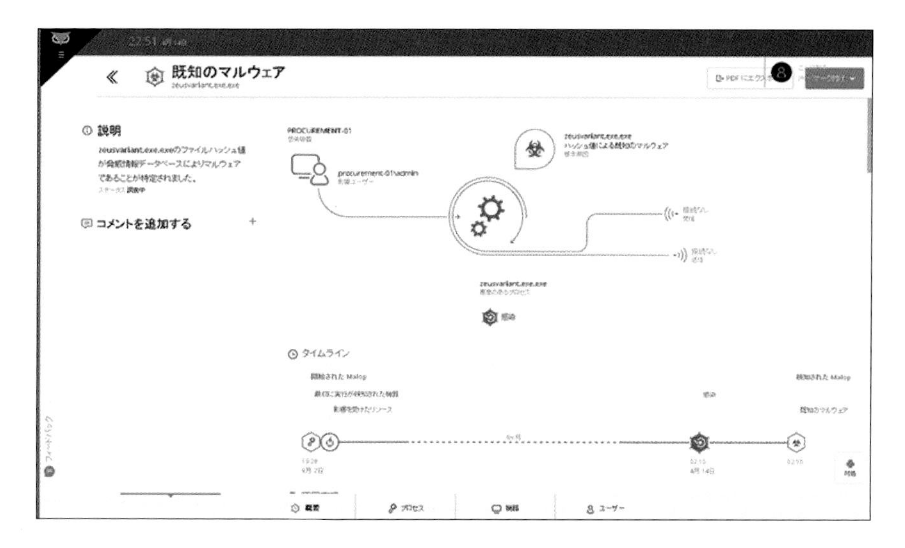

그림 6.26 사이버리즌 관리화면. 타임라인에서 맬웨어의 경위를 시간축으로 표시할 수 있다. 이 사진에서는 맬웨어가 8개월이나 잠복했다가 활동을 시작했다. 방대한 과거 로그를 거슬러 가지 않으면 침입경로를 특정할 수 없는 경우도 있다.

급한 업무라서 잔업을 하는 것이라면 정상적인 상황이지만, 평소에 통신하지 않던 단말과 교신하거나, 모르는 서버에 파일을 보내려 한다면 이상인 것이다.

이를 발견하려면 1대의 단말이 아니라, 네트워크 전체를 감시해야 한다. 혹시라도 악의를 가진 사람이 외부에서 조작하고 있을 수도 있다. 하지만 사람인 시스템 관리자가 네트워크에 있는 모든 단말을 항상 감시하고, 네트워크 전체의 움직임을 파악해서 이상 여부를 판단하는 것은 매우 어렵다. 그래서 이런 작업을 인공지능기술로 수행하려고 한다.

먼저 인공지능이 네트워크 전체의 단말을 감시하고, 각 단말의 일반적인 조작과 동작을 학습한다. 일반적인 조작과 다른 조작이나 움직임을 감지하면 주의할 것을 경고하고, 더 위험한 움직임을 감지하면 자동으로 그 움직임을 차단한다.

이세탄 백화점 신주쿠매장에서 인공지능 소믈리에 이벤트 개최

게이오대학에서 시작한 인공지능 벤처기업 SENSY 주식회사가 개발한 대표적인 시스템 'SENSY'(센시)는 퍼스널 인공지능 플랫폼이다. 패션이나 술과 같은 분야를 시작으로 실용화를 추진하고 있다. 센시의 가장 큰 특징은 각 사용자의 '감성'을 인공지능이 학습해서 각 사용자에게 어울리는 옷, 신발, 코디 등을 추천 · 제안해주는 것이다. 이 기술은 게이오대학, 지바대학과 함께 개발하였고, 미국에서 특허 출원 중이다.

그렇다면 각 사용자의 '감성'을 어떻게 학습하고 어떤 제안을 해주는 걸까? 스마트폰 앱으로 체험해볼 수 있다.

이 책에서 소개하는 것은 아이폰용 앱이며, 플랫폼 명칭과 같은 'SENSY'라는 이름으로 앱스토어에서 다운로드할 수 있다.

사용자가 SENSY를 시작하면, 먼저 '퍼스널 인공지능'이 선호하는 장르를 질문하므로, 선택지 중에서 3개를 고른다.

선택한 장르를 근거로 퍼스널 인공지능이 몇 가지 아이템을 추천한다. 먼저, 넥타이를 보여준다. 이 디자인이 마음에 들지 않는다면 '별로예요' 버튼을 터치한다.

차례로 패션 아이템 이미지를 보여주면, 마찬가지로 선호여부를 피드백한다. 이 과정을 통해 퍼스널 인공지능은 사용자의 선호도를 학습한다.

이 작업은 인공지능에게 사용자의 감성을 학습시키는 것이므로, 반복할

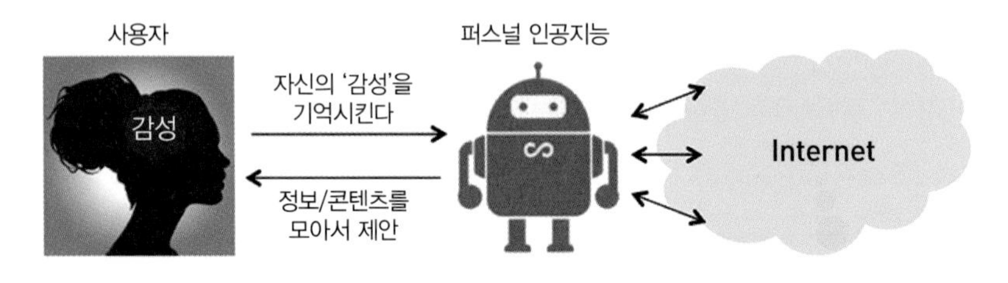

그림 6.27 SENSY.

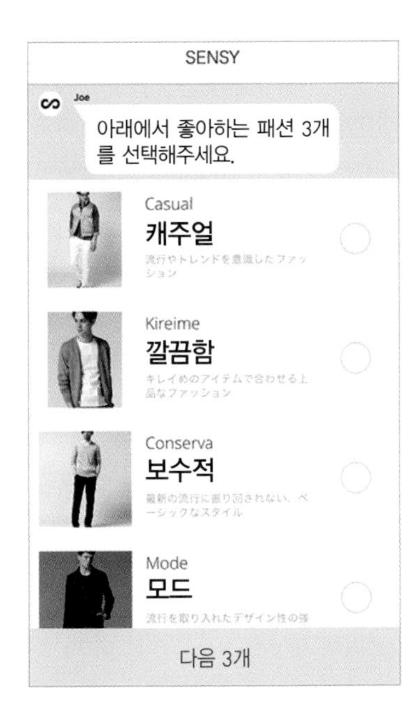

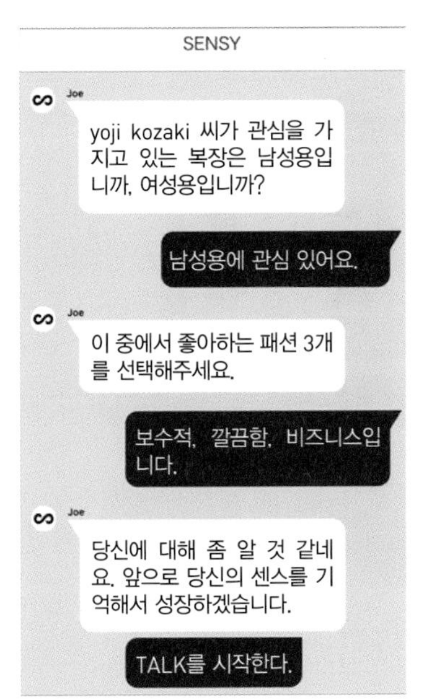

그림 6.28 SENSY 화면.

그림 6.29 SENSY 화면에 있는 '별로예요' 버튼.

그림 6.30 SENSY가 다시 제안.

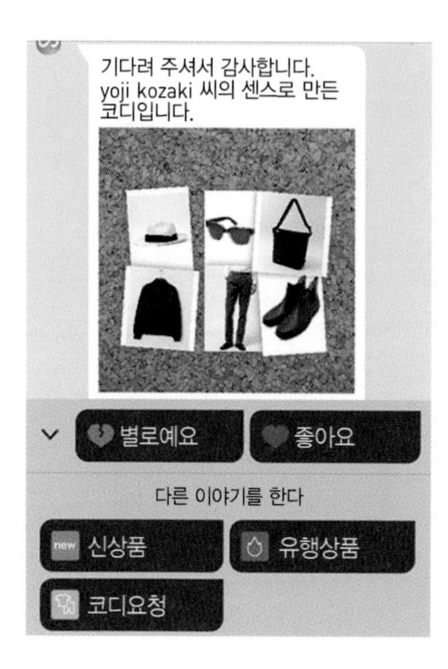

그림 6.31 SENSY의 코디 제안.

수록 퍼스널 인공지능은 사용자의 감성을 이해해서 취향에 맞는 아이템을 소개하게 된다. 빅데이터를 잘 이용한 것이다.

어느 정도 같은 작업을 반복한 다음에 '코디 요청'을 수행한다. 퍼스널 인공지능에게 사용자 감성에 맞는 코디를 의뢰하면, 인공지능이 코디를 제안해준다.

추천 코디는 퍼스널 인공지능이 점수가 높은 것을 보여주지만, 아이템별로 점수가 높은 것을 표시할 수도 있기 때문에, 추천 코디에서 모자와 신발, 바지 등 마음에 들지 않은 것은 변경할 수 있다. 물론 이런 변경 작업도 인공지능이 사용자의 취향을 학습하기 위한 데이터로 활용한다.

이것이 인공지능이 사용자의 감성을 학습하고 제안하는 과정이다. 사용하면 할수록 인공지능이 사용자의 취향을 학습한다는 것은 이 과정을 보면 이해할 수 있을 것이다.

2015년 미츠코시이세탄 그룹이 SENSY와 함께, 이세탄백화점 남성관 구매담당자의 통찰과 감성을 학습한 인공지능이 추천 아이템과 코디를 제안하는 이벤트를 개최했다. 간단하게 말하면 '당신에게 딱 맞는 패션과 코디를 인공지능이 추천해주는데, 이세탄백화점 남성관 구매담당자의 추천도 더해진다'는 것이다.

2016년 9월에는 이세탄백화점 신주쿠본점에서 이런 이벤트를 와인으로 개최했다. SENSY를 활용한 '인공지능 소믈리에'와 함께 하는 와인 시음 이벤트였다. 이 책의 앞부분에서 소개했지만, 인공지능이 방문객의 입맛에 딱 맞는 와인을 제안해주었다.

그림 6.32 페퍼와 SENSY를 이용한 소믈리에. (출처: SENSY 주식회사 https://www.youtube.com/watch?v=ekpo8mdyW_s&feature=youtu.be)

2017년 2월, 같은 곳에서 열린 이벤트에는 페퍼도 등장했다.

'당신은 산미와 떫은맛에 예민한 미각을 가지고 있군요♪'

2월 15일부터 20일까지는 일본술 매장, 3월 8일부터 14일까지는 와인 매장에서 페퍼의 태블릿을 사용하여 'SENSY 소믈리에'(인공지능 소믈리에)를 실

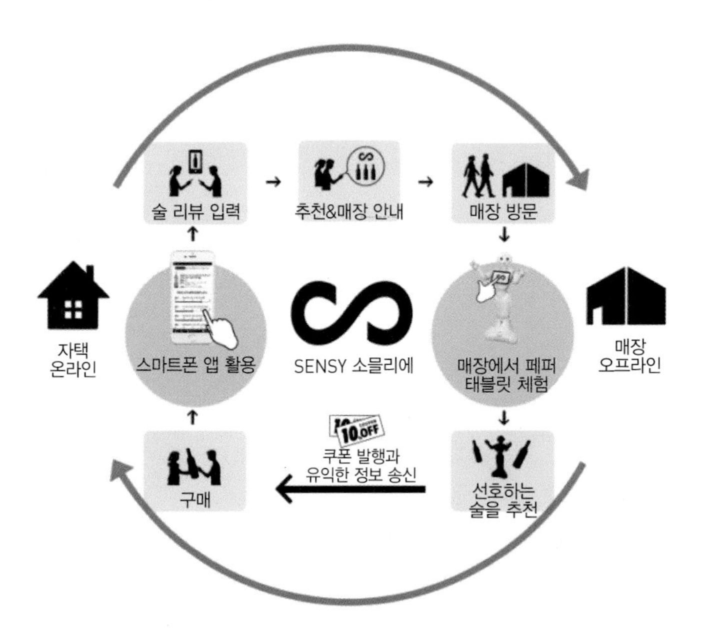

그림 6.33 이벤트에 손님을 모으기 위해서만이 아니라, 완성도나 선호도에 맞는 제품을 제안하거나 캠페인 정보제공, 쿠폰 발행 등 다각적인 판매촉진과 판매로 이어지는 노력을 한다.

시하였다.

SENSY 주식회사는 'SENSY 소믈리에는 스마트폰 앱과도 ID를 공유하므로, 단순한 접객뿐만 아니라, 고객과 지속적인 관계를 구축하거나 재방문을 유도(O2O, Online to Offline)하고, 고객 데이터 분석에 근거한 구매계획과 판촉계획 등 소매점 경영에 도움을 주는 솔루션을 통합 전개할 수도 있다'고 한다.

미세한 표정을 읽는 인공지능 시스템

Affectiva사가 개발한 'Affdex'는 표정을 인식하는 인공지능이다. 이 회사는 Affdex를 세계에서 가장 큰 규모의 감정 데이터베이스와 딥러닝을 통해 감정을 파악하는 인공지능이라고 소개한다. 이제까지 무리라고 여겨지던 '사람의 감정을 정확하게 수치로 나타내는 소프트웨어'가 Affdex를 가장 알기 쉽게 표현한 것이라 생각한다.

이 회사의 홈페이지를 보면 작동 원리는 간단하다.

그림 6.34 일본 공식사이트에서 동영상으로도 상세한 내용을 확인할 수 있다. (주식회사 CAC Affectiva 공식 홈페이지)

그림 6.35 시청하고 있는 사용자(오른쪽 위)의 감정 변화를 감지해서 그래프로 표시. 사용자가 웃고 있다고 인공지능이 해석한 것을 보여준다(공식 동영상에서 인용).

먼저 컴퓨터가 감정을 측정한다. 시각 센서(카메라 기능)로 얼굴 주요 지점과 움직임을 추적해서 약간의 움직임을 분석하여 복잡한 감정과 데이터를 연관 짓는다(독자적인 알고리즘을 통해 얼굴에 있는 중요한 표식(콧등, 눈꼬리, 입 등)을 상정해서 색, 질감, 빛의 단계를 바탕으로 하여 표정을 분류). 이 과정에서 개인 얼굴 부위의 정확한 위치를 수십 군데 특정하고 추적해서, 웃거나 하품하거나 곤란해 하는 등 여러 근육의 미세한 움직임을 파악해서 데이터에 반영한다고 한다.

이렇게 얻은 정보를 인공지능이 분석해서 콘텐츠와의 연결 정보를 축적한다.

광고와 콘텐츠를 감상하는 사람들의 표정을 분석하거나, 수업 중의 표정, 의료 · 요양 · 상담 등에서 활용할 수 있을 것으로 생각한다. 물론 로봇을 이용한 상대방의 감정을 분석하는 작업에도 응용할 수 있을 것이다.

찾아보기